彩色的优雅

安英 著

台海出版社

图书在版编目（CIP）数据

彩色的优雅 / 安英著. -- 北京 ：台海出版社，

2022.4

ISBN 978-7-5168-3213-4

Ⅰ．①彩… Ⅱ．①安… Ⅲ．①女性－修养－通俗读物

Ⅳ．①B825-49

中国版本图书馆 CIP 数据核字（2022）第 021934 号

彩色的优雅

著　　者：安　英

出 版 人：蔡　旭　　　　　　　　　　责任编辑：俞滟荣

出版发行：台海出版社

地　　址：北京市东城区景山东街 20 号　　邮政编码：100009

电　　话：010-64041652（发行，邮购）

传　　真：010-84045799（总编室）

网　　址：www.taimeng.org.cn/thcbs/default.htm

E－m a i l：thcbs@126.com

经　　销：全国各地新华书店

印　　刷：河北鹏润印刷有限公司

本书如有破损、缺页、装订错误，请与本社联系调换

开　　本：880 毫米 ×1230 毫米　　　　1/32

字　　数：173 千字　　　　　　　　　印　　张：8.5

版　　次：2022 年 4 月第 1 版　　　　印　　次：2022 年 4 月第 1 次印刷

书　　号：ISBN 978-7-5168-3213-4

定　　价：56.00 元

自序
活出优雅的色彩

何为女人？女人如水，女人似花，女人是一道靓丽的风景线。在我看来，无论处于何种年龄阶段，无论处在何种工作岗位，"美丽"和"优雅"都是女性形象的代名词。

豆蔻年华是美，碧玉年华是美，花样年华也是美。

天真烂漫是美，妩媚多姿是美，优雅知性亦是美。

天生丽质是美，蕙质兰心是美，贤良淑德更是美。

我很喜欢这句话：多少岁不重要，看起来像几岁才重要；不要把辛苦和怨气都挂在脸上，你想要最好的生活，就让生活先看到最好的你。

在生活和工作中，我尽量保持自己的特色——我喜欢穿五颜六色的衣服，享受驾驭各种色彩的感觉，在我看来，黑白灰固然高级，但难免有些冷漠和距离感，人生本就是五彩斑斓的，热闹非凡的，生机勃勃的。我希望能够活成一个美丽的女人，一个优雅的女人，但同时也是拥有各种色彩的精彩的女人。

曾有一首歌风靡网络：我还是从前那个少年，没有一丝丝改变……歌词哼唱起来朗朗上口，也激起了许多人内心深处的共鸣。

站在此刻，回首从前，我们会发现：时间从未停下脚步，我们也从未停止成长，但无论经历多少风霜和岁月的洗礼，无论一路走来是坦途抑或坎坷，我们都希望自己能够永远由内而外地保持一种积极向上、初生无畏的"少年气"。

很多人在看到我的第一眼时，都觉得我浑身上下散发着一种更胜于同龄人、不输于年轻人的活力。很多时候，我也真的会忘却自己的年龄，有人问我多少岁，我会掰着手指头算一算：原来，我已经56岁了啊！

不认命

大多数女人的 56 岁，是怎样的一种生活状态？

出门不化妆、不打理发型，穿着宽松遮肉的衣服掩盖中年发福后的臃肿身材？白天去早市买菜，晚上去跳广场舞，其余时间在家中含饴弄孙、烧饭煮菜？或是每逢节假日和闺蜜团出去旅行，摆出夸张、有趣的造型在各大景点留下到此一游的身影？

每个人都有权选择令自己感到舒服的生活方式，并无孰对孰错之分，但生活状态在外，人生态度在内，只有积极的态度，才能主导积极的生活，唯有有趣的灵魂，才能创造有趣的生活。

为什么大多数人都选择了这种约定俗成的生活状态，究其原因，"应该"这个词在其中发挥着重要作用，它指导了我们的人生，同时也限定了我们的人生。尤其是女人，这一生中背负了太多的"应该"：15 岁，你应该好好学习，以后考一所好的大学；25 岁，你应该好好工作，做一份稳定的职业，别瞎折腾；30 岁，你应该抓紧时间把自己嫁出去，别当大龄剩女；35 岁，你应该生"二胎"，凑上一个"好"字，才算完满……

在众多的"应该"声中，美好年华转瞬即逝，我们完成了那些"任务"，而一些想做而"不应该"做的事情也由夙愿变成了遗憾。时间不可能重来，人生不可能重启，很多女性只能就此"认命"，曾经的少年也湮没于茫茫人海。

可我，偏偏是一个"命好"的女人。

青春的时候，我们飞扬青春，不断学习，用知识来丰富自己的内心世界，对未来充满着憧憬；成长的时候，我们貌美如花，风华正茂，用自己的努力去打拼属于自己的天空；成熟的时候，我们厚积薄发，淡定自如，去享受因为付出而收获的快乐和尊重。

在这样缓步前行的人生旅程中，年龄只是数字，不是固定不变的生活模式，更不是韶华不再的思想负担。不管此时是多少岁，我们都要在人生的道路上继续怀揣着梦想前行，永远不要丢了那份初心和信念。

不服老

现在的我，依然像年少时那样保持着对唱歌、跳舞的执着与热爱，只要给我一个舞台，我会尽全力展现自己。集团组织任何集体活动，我都会积极参加，踢毽子、爬山、诗朗诵，样样不落，因为我相信在每个年纪保持最自然的状态，尤其是拥有良好的心态，要比刻意装扮自己重要得多。

当然，让自己保持年轻的状态与心态，并不意味着所有事都要迎难而上，很多事情还需要量力而行。

比如，当我的抖音粉丝突破 1000 万的时候，我说举办一场直播回馈粉丝。本来计划直播 10 个小时，但是到了第 7 个小时，我的腰就开始不给力了。那天我还特意穿了一身旗袍，一直端庄地坐在那里，开始还和大家谈笑风生，最后实在无法逞能，只得提前"逃跑"。

还有一次，我在学校看"篮球宝贝"跳开场舞，被她们充满青春活力的舞姿所吸引，于是上前请教具体动作。孩子们认真地教，我认真地学，约好等我学会了，大家一起跳。我在家练习舞蹈动作时，被先生看见了，他说："安英，你都快 60 岁的人了，还要这样蹦蹦跳跳的？"我说："我跟孩子们约好一起跳，顺便给学校打个广告。"先生说："你这样可不行，你这人太不服老了。"我说："这不是服不服老的问题，只要我还能蹦起来，我就蹦两下呗。"没想到，正式跳的时候，我真是跟不上了，于是自己偷偷换了动作。虽然这支舞才短短 30 秒，但没有体力根本跟不上节奏。

在那一刻，我才觉得自己老了。不过那只是体力上的衰退，并不是意志的消沉。每个人都向往美好，每个人都想留住青春，每个人都期望超越自我。想要忘掉那些烦恼、难过、沮丧、悲伤的情绪，阳光心态是必不可少的，虽然有时候我们的身体跟不上灵魂的速度，但只要别妄自菲薄、自我放弃，那么一举一动中就会自然而然地流露出一种"少年感"。

找到适合自己的美

有人说，美丽是与生俱来的，父母的基因造就了你，是命中注定，除非你去整容，通过医学手段让自己"改头换面"。

首先，我不太赞成花大价钱"改造"自己，正常的医美可以，但伤筋动骨大可不必。其次，我认为，每个人的美都是不同的，有朴实的美，也有华丽的美，有强壮的美，也有柔弱的美，能展示出自己最好的状态和最独特的一面，就是一种不可复刻的美。

女人想展示自己的美，无需以谁为目标或模板，只需要找准自己的定位，选择适合自己的装扮。

这么多年，我都留着一头长发，我喜欢盘头，也喜欢穿旗袍和连衣裙，是因为这样的造型适合我。旗袍的版型设计很挑人，不是说身材纤瘦高挑的人穿着就一定好看，穿旗袍需要身子圆润一些，该丰腴的地方丰腴，该纤细的地方纤细，这样才能凸显出女人的妩媚和风情。如果要我穿裤装，可能会穿不出属于我的气质和感觉。

自律的优雅

想成为优雅的美人，可不是一朝一夕的事情。我们往往看到的是别人光鲜亮丽的外表，却忽略了她背后的辛苦付出。

五官是父母给予的，我们很难改变，但身材绝对可以由自己掌控，这也是一种自律。毫不夸张地说，我现在还能穿上二十年前买的衣服，逃脱了中年发福的魔咒，因为我的尺码一直没变，能做到这点，确实与我坚持锻炼身体有直接关系。

管住嘴、迈开腿是必不可少的。

在"迈开腿"这件事上，虽然工作繁忙，每天日程都安排得很满，但我从没放弃学习舞蹈这件事，每周都会去跳一次操，和老师学习新的舞蹈。分身乏术的时候，别人一周就能学完的舞，我需要拆分成几次学完，比如，这周学一组动作，下周再学另一组动作。

不过我会利用各种时间见缝插针地练习基础动作。有一次我边看电视边练习，先生走进来，表情无比惊讶，因为他看到我在沙发和茶几之间练习劈叉。他问我在做什么，我说我在拉筋，练一字马，虽然现在很疼，但练完之后会很舒畅。

自律与持之以恒是相辅相成的。比如跳舞这件事，你不能今天跳了、明天就不跳了，减肥也是，你不能白天在健身房挥汗如雨，晚上却在快餐店暴饮暴食。想要一直优雅地美下去，就要学会自我督促——工作和美食不是我们的拦路石，懒惰才是我们的宿敌。在你大快朵颐、呼呼大睡的时候，那些比你更忙、比你更累的人正在不知不觉中超赶你，变得优雅而美丽。

如果你没时间或没条件坚持做一项运动，我倒有个简单的健身美体方法：走路。只要有时间，我都是走路上下班，每天坚持走一万步，在漫步的过程中既能欣赏风景、思考问题，同时还锻炼了身体，可谓一举多得。

美丽和优雅都需要"高级感"

若美丽和优雅只流于表面，那不过是一场幻梦，深入骨髓的美丽和优雅才是永恒，这需要我们不断提升二者的"高级感"。

有一次，我在北京一家商场看到一款限量版的包，与我的一件黑色大衣正好相配，试背的时候，"柜哥"说这款包很适合我，一番赞美让我略有心动。我仔细看了一下价签，确实有点小贵。正在权衡之际，身后有位穿了一身名牌的贵妇看我一直犹豫不决，就不客气地问："你到底要不要啊？不要的话，我就买了。"

"柜哥"忙替我解围:"她要,她还在考虑,您稍等一下。"

我偷偷地问"柜哥":"一般店员听到别人这么问,就会让我把包让给她了,在非常想买和不确定要买的两个人中,您为什么站在我这边呢?"

"柜哥"说:"因为我觉得,您的气质更适合这款包,如果您拎这个包出去,可以提升包的品质。有时候,并不是人挑包,而是包挑人,这就像是卖家秀和买家秀的区别,有些衣服穿在模特身上非常漂亮,可是穿在普通人身上却好像货不对板了,其实衣服还是那件衣服,只是人的气质不同,让衣服的品质也穿出了天壤之别。"

我头一次被"柜哥"说服,买下了这个包。确实也是因为我真心觉得这个包配得上我,这不是自夸,也不是"凡尔赛"。"柜哥"在这个行业做了这么多年,阅人阅事无数,诚如他所言,一个人流露出的气质和她穿什么、戴什么,甚至身份、地位不一定成正比,高级感往往源于一个人的气质。

对女人来说,长相之美最多占美的三成,性格、为人、处事、学识等与气质相关的元素,要占美的七成之多,而且它们的美要比长相之美更持久,更耐老。

优雅的气质是经年累月滋养而成的。一个经常躺在床上刷视频、玩游戏的人,和一个经常利用碎片化时间看书、学习、在职业上深耕的人，若干年后，将会大有不同。

因此我一直督促自己与年轻人，一定要多读书、读好书，多吸收一些有营养的东西，有机会也要多出去看看大千世界，内在的事物提升美的能效要远远大于那些外部的修饰。懂得与时俱进，能够打开话题，在任何层面不落伍，其实就是自带"高级感"。

在一次脱稿演讲中，我曾对在场所有女性说我们应该用平常之心、爱美之心和辛勤之手去妆点岁月，去经历一个美人应有的美媚魅之人生。

我们每个人，每位女性，都要拥有属于自己的优雅的色彩，这样才能不负春光，不负岁月，真正成为一个快乐、健康、幸福的女人。

一路走来，想要感谢的人太多，感谢公司给予我广阔的天地，感谢抖音让我收获了千万粉丝，感谢家人的支持、鼓励、守护和陪伴。希望我的这本书，能为喜欢我的朋友带去一些感动，一些温暖，一些力量。

目　录

自　序　活出优雅的色彩

第七章 紫
有烦恼
找安英

第一章

岁月从不败美人

女人如花，自吐芬芳，

与其取悦他人，不如取悦自己。

1. 天然感知是最好的设计师

抖音上有很多粉丝说我"衣品"好，还以为我每次出席活动或拍摄视频时都有专门的形象设计师，事实上，我的形象都是自己打造的。如果非要说我的幕后有一位形象设计师，那也许是我对美的"天然感知"。

每个人对"美"的理解不同，对"美"的感知力也有强弱之别。这种差异源于人的天性，也源于后天环境的培养。从小被艺术熏陶的孩子，在成长中对于美的理解、感受可能会更强烈一些，也能较早拥有属于自己的审美能力。

在潮流中坚持自我审美

大多数女性都喜欢追求潮流，在我们年轻的时候，模仿影视剧里女明星的穿着打扮是一种潮流；后来流行杂志，每个月都能接触到时尚的资讯；在信息化的今天，还可以通过公众号、抖音、小红书等看各个博主的穿搭。然而，不少人也容易被所谓的时尚左右，看当下流行什么、别人穿什么便跟风购买，完全没有考虑这些时尚单品是否适合自己的气质。

我对潮流的态度比较"中庸"——可以关注趋势，但不盲从流行。追求潮流无可厚非，但个人审美同样重要。

所以，每次去商场买衣服，我不会刻意关注当下流行哪种款式、哪种颜色，而是看哪件衣服养眼、穿着舒服，让我有一种相见恨晚的感觉，就可以把它买下来。

我想驾驭所有的颜色，所以各种颜色的衣服我都有。或许有人觉得色彩太多略显浮夸，但有句话叫"世界上没有不好的颜色，只有不好看的搭配"，我可以通过穿搭，大面积使用适合自己的、衬肤色的衣服，其他颜色可以作为装饰出现。我喜欢五颜六色的衣服，喜欢这个五彩斑斓的世界，这也是我对美的解读与追求。

不同的场合，不同的穿着

在选择衣着搭配的时候，除了符合自我审美的需求，还要分清场合与环境，因地制宜。

之前参加"我是安英，家住东营"的活动，前一天晚上我便来到了现场。为了第二天的演讲，我必须先知道舞台是什么颜色、舞台有多大、灯光打在什么地方……有了这些信息，才能提前"走位"，确定自己需要穿什么颜色、款式的衣服和鞋子，搭配什么样的饰品才比较"应景"。

在试穿了多套衣服后，我选定了一件翠绿色的旗袍，它悬挂在衣柜中便格外亮眼，看上去并不好驾驭。然而当我穿上它站在舞台中央的时候，在灯光的映照下，这件绿色旗袍并不显突兀，反而焕发勃勃生机，与活动主题也十分搭配。

得到众人的掌声时，我知道我的审美又一次得到了认可。

不同的人群，不同的穿着

一个人的"衣品"好不好，除了符合自我与大众的审美、分清场合与环境，还要看我们面对的是什么样的人群，希望通过衣着搭配传达什么样的信息。

如果面对的是学生，我会穿得简单、干练，以此显示出我的朝气蓬勃，并向这些年轻学生传递一个信号——人生应该永远保持青春活力，奋斗不息。

如果面对的是中年女性，比如参加"三八节"活动时，我会穿得亮丽、绚烂一些，因为我想告诉女性朋友：不同的年龄段有不同的美，需要自己去描绘，通过自己对美的"天然感知"，去打造符合自身审美的形象。

这样因人而异的形象才足够自信，足够自然，足够打动人心。

女人如花，自吐芬芳，与其取悦他人，不如取悦自己。

无论穿着打扮，还是思想认知，女人都应该活出自己的样子，有独立的思维、独立的空间、独立的审美与鉴赏能力，我们的形象、我们的人生，都要由自己来设计。

2. 万般修饰，不如美得自然

就我个人而言，不太喜欢两种形象：一是为了追求单一审美而丧失了自己的独特性，丢掉了辨识度；二是浓妆艳抹、造型夸张，头发染得五颜六色，眼圈画成黑漆漆一片，让人看不清原来的容貌和表情。

长相是先天的，魅力是后天靠自己努力得来的，与其伤筋动骨地在脸上不停整改，还不如让自己变得阳光、自信一些，多培养一些兴趣爱好，提升知识储备量和气质。

都说"好看的皮囊千篇一律"，一个人如果美得没有特色，也会让人过目即忘，反倒不如初见平平无奇、细看颇具特色的天然相貌更能收获"眼缘"。

世界上没有丑女人，只有懒女人，除了适当修饰五官，突出自己的特色，还可以通过发型、妆容的修饰来营造自己美的"氛围感"。如果本身底子较好，那就做个"清水出芙蓉，天然去雕饰"的美人，更显自然、清新。

人生第一张彩色照片

黑白灰蓝占据生活大半色彩的时代，是我的少女时代。幸好儿时学习了舞蹈，舞蹈老师就是我的审美启蒙者，她们昂首挺胸，体态优雅，连平时走路都能看出舞者的"范儿"。她们也很会改衣服，总是穿得很修身、得体，一些心思细腻的老师，还会在衣服上增添一些小细节，强调"个性化"，提升"辨识度"。这种潜移默化的美学教育，就像一颗深埋在我心中的种子，悄悄萌芽，破土而出。

因为舞蹈，我总有机会穿好看的演出服，那些只有在过年时才会出现在别的孩子身上的鲜艳色彩，对我来说就是日常的装扮。

记得小时候，我经常站在镜子前端详自己穿的衣服好不好看，梳的头发合不合适。跳舞要扎辫子，我会在辫子上绑绸子，绸子选择红色还是粉色，我会根据衣服的颜色去搭配，也会向老师提出自己的见解。

我也是院里第一个穿圆头牛鼻子皮鞋的小孩，第一个戴粉色纱巾的小孩，在黑白灰的年代，我总是能成为一抹亮色。可以说，在装扮"美"

009 / 第一章 红 岁月从不败美人

方面，我从小就很有话语权。

可惜在那个年代，拍出来的照片一般都是黑白色，哪怕再精心打扮，照片中呈现的也只是深深浅浅的黑白灰。如果哪个女孩有一张彩照，绝对能成为炫耀的资本。

我现在还保留着人生中的第一张彩照——照片上的彩色是后期染上去的，青灰色的底调，蔚蓝色的帽子，一张稚嫩的脸，辫子绾起来，眼珠黑黑的，青涩而自然。

当时先拍了一张黑白照片，老板问我："你要黑白照还是彩照？黑白照片一星期后可以来拿，彩照的话要等半个月。"爱美的我果断地选择了彩照，然后满怀期待地数着日子，盼着早点把照片拿到手。

现在有各种相机、手机，可以随时随地拍照，调出任何自己想要的色彩，还能加上美颜和滤镜，如果没有拍出令自己满意的效果，删除重拍就可以了。可惜也正是因为这种便利，我再也感受不到人生中等第一张彩色照片时的那种迫切和期待了。

放弃 C 位的原因

小时候，我经常穿着漂亮的舞蹈服装上台表演。我清楚地记得，《红灯记》里我扮演李铁梅，红色的小褂子，搭配蓝色的布裤子，大辫子一绑，从肩头搭下来，小伙伴们羡慕得不得了。

我特别喜欢表演新疆舞，因为新疆舞的衣服非常漂亮，不仅要扎很多小辫子，还会化上眼妆，在额头点上小红点，双手并拢在下巴处一搭，整个人看上去就很灵动。

我经常出演主角，也很享受站 C 位的感觉。但是演《红嫂》那次，我却主动辞演了红嫂这个角色，而是选择演她身边的一个配角姑娘。老师很不解，问了半天，我也不说原因，只好任由我了。

其实我没告诉她，之所以辞演红嫂，是因为红嫂的发型是当时已婚妇女才会留的发髻，有两缕头发还要耷拉下来，我不喜欢这个打扮，与我的年龄也不符，但是配角姑娘却可以梳大辫子，扎上红头绳，是我喜欢的装扮。这可能就是我当时的"审美偏执"吧，为了形象好看，宁可舍弃主角的角色，现在想想也挺有趣。

返璞归真的梧桐少女

还有一次，解放军艺术学院的教授带着他的学生来我们院里画人像，可惜他们只画大人，不画小孩。那时我大概八九岁，按捺不住好奇心，放了学就跟着其他小朋友跑到画室外面透过玻璃窗偷看，叽叽喳喳笑个不停。

画画需要安静，我们的笑声打断了里面的创作，于是有人出来轰我们走。我悻悻地刚要转身离开，那个人忽然叫住我，说："你等等。"

"您叫我？"我问。

"就是你，今天吃完晚饭过来，我们给你画像。"

我蹦蹦跳跳地跑回了家，心想一定是我长得好看，人家才要给我画像。我还记得那天我穿了一件印有梧桐花的上衣，下面是深蓝色裤子，背了个书包，因为来回跑，出了不少汗，头发也乱蓬蓬的。

回家之后我把这个消息告诉了妈妈，她比我还高兴，乐着说："我姑娘就是水灵，你看这眼睛，又大又圆。"

等我随便扒拉了两口饭，妈妈就把我拉到一边开始"精心打造"。她用蘸了水的梳子给我梳头，把我的头发梳得油光锃亮，从大衣柜里翻出一件大红条绒的褂子给我换上，还给我的头发扎上了绿绸子，又拍了很多水在我的裤子上，尽量让裤子显得直溜。虽然以现在的审美来说，这属于"红配绿，真俗气"，但在当时却是公认的"红配绿，真神气"。

当我兴高采烈地到了那里，那个人一见我就问："你是下午的小姑娘吗？"我昂着头骄傲地说："是啊，就是我。"

"你怎么变成这个样子了？"

"我妈给我打扮了一下。好看吧？"

那个人说了一句让我至今难忘的话，他说："赶紧回去，把你今天下午穿的衣服换上。你看你，穿的这件红衣服土死了。现在不过年不过节的，穿红衣服太刻意了。"

　　尽管当时他否定了我妈妈的审美能力，那些话好像一瓢冷水泼在了我热乎乎的心头上，让我略有难过和委屈，但我还是认同了他，毕竟人家是北京过来的美术教授，审美水平一定不同凡响。

　　等我换回原来的衣服，他还让人把我的头发也弄得和下午一样乱，说是要返璞归真，这样才能画出一个小女孩最真实的生活状态和精神面貌。

　　画画可真是需要工夫，做人像模特更需要工夫，他们一直画到半夜 12 点才完成，我也是靠他们给我的几块大白兔奶糖撑到了半夜。

　　当画作展现在我眼前的时候，我惊呆了——那是一幅油画，画上的我穿着一件梧桐花的衣服，侧面梳着个大辫子，眼里带着神采，扑闪扑闪的，就像真人一样。画作被命名为"梧桐少女"。

　　"返璞归真"，这个陌生的词语经由美术教授说出以后，便如同烙印般烙在我的脑子里，那是我第一次对美有了全新的概念：原来刻意装扮、摆拍造型的美不一定是美，自然才是美，真实才是美。

　　尽管时时处处都保持最原始、最真实、最自然的状态有些难度，但在复杂纷繁的世界里，我们依然可以追求自己本真的东西，保持简单和自然，不随波逐流，不过分张扬。这样的美，才不显浮夸，不流于表面。

3. 个性之美让你变得独特

世界上没有完全相同的两片树叶，更没有相同的两个人，生命因为多样性而丰富繁茂，我们因为独特性而各自珍贵。

什么是个性之美?

个性是每个人独有的品位与气质，是独属于你的气息。

那么，没有个性的人是什么样的?

比如，一个貌若天仙的美女，在与人沟通时却人云亦云、拾人牙慧，没有自己的观点，就会给人"花瓶"的感觉。

再比如，一些爱美的女孩，照着时尚杂志或视频把自己打扮得花枝招展、珠光宝气，人们只记住了她夸张的服饰，而忘了她长什么样。这时候，如果有一位美女穿着个性，说话很有特色，做事特立独行，举手投足间自带气场，自然会让人眼前一亮。

当然，追求个性并不是哗众取宠。那些过分夸张的言行、博人眼球的造型，反而会弄巧成拙。

时尚会轮回，个性不过时

很多网友说我皮肤好，让我推荐几款护肤品，我不敢轻易推荐。因为我知道，每个人的肤质不一样，我所推荐的护肤品可能并不适用于其他人。

还有一些年轻女孩问我什么牌子的衣服比较好看，我的回答是："适合自己的，就是最好看的。"

我的衣橱里挂着一件 30 年前购买的衣服，并非知名品牌，但胜在款式独一无二，从尺码到风格好像为我量身定做，前段时间我还穿着它拍了抖音，看上去仍旧很洋气。

买衣服的时候，我们应该"量体裁衣、量力而行"，对于收入还不太高的年轻人而言，更要学会"合理消费"，把有限的预算花在刀刃上。

一是选择的衣服要符合自己的特质、彰显自己的个性。如果你是职业女性，可以穿得简单、干练一些；如果你比较安静，可以穿得端庄典雅一些；如果你是运动型女生，可以选择阳光运动装。

二是衣柜里必须有四套品质较好的衣服，如果需要出席正式场合，没有一件正式的、像样的衣服，肯定是不行的。有些牌子的衣服价格虽然贵一点，但质量确实很好，不容易变形、掉色，干洗一下就能焕然一新。

时尚是个轮回，今年的时尚爆款，明年或许就会变成压仓库存，再过十年翻出来没准会靠"复古怀旧"的噱头再热卖一波。如果你想让自己的衣柜里永远都挂着不过时的衣服，秘诀不是贪多，而在于精挑细选，在大众审美浪潮中把握好自己这艘小船的航向。

我们可以用钱买到漂亮衣服、高级化妆品，但个性之美却只能用岁月交换。一个人的个性，不是一朝一夕就可以形成的，也不是一朝一夕就可以改变的，它是漫长岁月的积淀，是个人成长的标签。

经常审视自己，观照内心，保持觉知，保护内心的感觉，就是不刻意地保护个性，反之，个性之美也会滋养着我们的表相与灵魂。

4. 有一种气质叫"舒服"

在一次员工大会上，一位 90 后小伙腼腆地说："安总，我想用 16 个字来形容你。"

我好奇地问："哪 16 个字？"

小伙子一字一顿地说："气质出众，灿如春华；光彩照人，宛如秋月。"后来我才知道，"灿如春华，皎若秋月"是古时候用来形容女子青春靓丽气质的。

还有一次是在慰问几位保洁阿姨时，其中一位阿姨说："安总的气质真好，像从春天里走出来的一样，让人感觉如沐春风，特别温暖。"保洁阿姨对我的评价如此之高，让我受宠若惊。

作为集团的党委书记、东营的代言人，注重自己的形象气质与内在修养本是我的分内之事，但是能从别人口中得到这样的夸赞，心里也是美美的，同时反思了一下关于"美"这件事。

气质永远走在能力之前

女人之美，美在长相，更美在气质。

气质是精致外表与内在修养的合二为一，是一种无形胜有形的吸引力。这种气质源于一个人的内在修养，比如学识、涵养、素质、品位等，它们能体现出你的眼界与格局、审美情趣与思想境界；形于外而驻于心，这些内在修养都将影响到外在气质，让女人谦逊却不自卑，脱俗却不自负，古典却不呆板，在举手投足间透露出不流俗的魅力。

女人的气质不是短暂的惊鸿一瞥，而是一种日积月累的沉淀——她看过的山光水色，读过的诗词万卷，经历过的世事沧桑，遇见过的人情冷暖……这些人生际遇，都会镌刻进她的容光里。

多年的识人经验告诉我，气质永远走在能力之前。认识一个人，首先感受到的是这个人的形象气质，其次才是能力、学识、涵养等内在的东西。只有给别人留下良好印象，让别人有和你继续深交的兴趣，你才有机会展示自己的才华和本事。

一个女人流露出的气质，可以外有风韵、内有风情，可以高贵典雅，可以平淡如水，可以大气磅礴，也可以低调婉约……无论是哪一种气质，永远都超越美貌的存在。再美的容颜也经不住时光雕琢，但气质并不受制于年龄与容貌，它可以潜移默化地展示你内心的丰富与美好，让你即便只是静静伫立在那里，就能俘获别人的欣赏与信任。

女人之美，三分长相七分态

在一次采访中，有记者问我："您最在意、喜欢的气质是什么？"

我的回答是："舒服。"

有人心胸豁达，气质爽朗；有人内心善良，气质温婉；有人饱读诗书，气质芳华。我们可以用知性、优雅、端庄等词去形容女人的气质，但唯有"舒服"无法用单一词汇去形容，它本身就是多元化的表现。

看一个女人美不美，或者是否美得自然、舒服，"长相"占三分，"态"占七分。

我所理解的"七分态"，是姿态、仪态、语态、神态、情态、心态、气态。

姿态指的是女人的静态外表，比如穿着、妆容、装扮、身材等。一个穿着得体、妆容精致、身材匀称的女人，会让人觉得合时宜、不突兀、不跳戏，闪耀着从容、自信和自律的光彩，宛如影视剧中的女主。

仪态端庄、优雅的女人，举手投足间会散发着迷人的气质，就像奥黛丽·赫本，她的一个伸手、一个转身、一个回眸、一个微笑，都如同人间天使一样，撩人心弦。

我们要注重培养自己的语态，说话应该先走心，再走脑，最后用语言表达出来，这样才能更有同理心和感染力，同时还要注意说话的语速、语调和语气，让别人听得顺耳，听得清楚。

女人的神态就像一面心灵的镜子，内心充满阳光和希望时，脸上便笑靥如花；内心阴霾、一蹶不振时，脸上便阴云密集。谁都不想整天面对一张"苦瓜脸"，包括我自己，照镜子时看到憔悴低落的自己也会不开心，所以要多哄自己开心，尽量让自己神采飞扬一些。

情态是女人的情感与性情。你可以有自己的"真性情"，说话是非分明、办事雷厉风行，但一定不能丢失了女人应该有的细腻、温柔和善解人意。

良好的心态，也能彰显女人的气质。境由心造，在人生的大风大浪前，需要从容不迫的心态；在面对诱惑时，需要荣辱不惊的心态；在逆境与挫折前，需要坚忍不拔的心态；在痛定思痛的反思中，需要超越自我的心态。这些正能量，都能带给人如沐春风的感受。

什么是气态？就是一个人的气度与风度。所谓心胸宽广、风度翩翩、气度非凡，这些词以前更多的是放在男人身上，现在放在女人身上也很帅。

"三分长相"是气质的外壳，"七分态"是气质的内核。

一个女人如果能够在"三分长相"上占据优势，又在"七分态"

上深度修炼，那么纵然时光流转、容颜老去，她也不会流于平庸，依然可以气质出众。一个女人哪怕相貌平平，但她的一言一行、一颦一笑，无不散发出迷人气质，也能让她自带C位光芒。这样的"气质美"，几乎无惧时光。

　　因此，身为女人，既要注重外表，更要注重内在的修养。我们可以像一坛佳酿，岁月的洗礼是一种加持，尘封的时间越久，越发厚重香醇、芬芳醉人。

5. 不可忽视的"第一印象"

我喜欢"眼缘"这个词，因为不管是穿衣打扮还是人际交往，第一印象都很重要。

首先，我会在形象上下足功夫。幼时，在舞台上翩翩起舞，我会把自己打扮得漂漂亮亮，梳精致的辫子，穿亮眼的衣服，即使不站在 C 位，也要在心中给自己打下一道追光；长大后当了老师，站在讲台上，我同样打扮得大方得体、干净利落，每天都以全新的形象面对学生。

现在，我作为集团的党委书记，会更加注重自己的形象，因为良好的形象会给别人留下美好的记忆，所说的话自然也具备说服力和感染力。

　　"眼缘"这个词看上去很玄，其实来自每个人内心的真实感受，直接影响我们对一个人的评价：这个人很"美"，或相貌平平；这个人颇具涵养，或不修边幅；这个人值得深交，或者需要保持一定的距离……

　　"眼缘"不是单指长相、穿戴、行为举止，而是一种整体印象，是在不经意间散发的吸引力、影响力、感染力。我曾在一本书里读到这样一句话："良好的第一印象就像一阵微风，轻轻地，便可拂开对方的心门；更像一阵细雨，柔柔地，便可温润对方的心田。"

　　良好的第一印象，既是交往艺术的关键，也是爱情故事的开端。很多美好的爱情和知己之交，都从一见如故的"眼缘"开始。

一见倾心的爱情

　　生活中，有些人明明从未见过，却在初次见面时，让我们感觉很熟悉，很亲近。他的一言一行，一举一动，都让我们感觉舒心、放松，他身上似乎有一种神秘的吸引力，让人不由自主地想多了解一些，距离近一些。

　　有的人一见如故，继而成为无话不谈的知心好友；有的人一见倾心，即刻彼此倾慕，你侬我侬，甚至余生双宿双飞，成为一段佳话。

　　譬如司马相如对卓文君的一见倾心。司马相如在宴席上奏了一曲

《凤求凰》，表明自己的心意："有美人兮，见之不忘。一日不见兮，思之如狂。"他对卓文君大加赞美，不见得卓文君长得有多么倾国倾城，大抵因为卓文君是才女，举手投足间都散发着那个年代难得一见的知性美，这才引起了司马相如的注意，而聪慧的卓文君躲在帘后听出了曲中之意，芳心暗许，爱情故事由此展开……

世间始于一见钟情、终于白头偕老的故事数不胜数。在我看来，如此眷侣，他们的一见钟情绝非浮于表面的对外表的爱慕，而是对方身上有一种闪闪发光的特质，比如谈吐、见识、文化修养等，让另一个人感觉"这就是我想找的那个人"，与他长久想象中的形象相吻合。

面试中的第一印象

在面试中，第一印象同样很重要，对服务行业来说，更是如此。

集团常有来应聘的人，有的小姑娘给我的第一印象就是"长得漂亮"，其实在她开口说话之前，我心里已经默默为她加分了。

"长得漂亮"是一种天然优势，但这还不够，一个人的言谈举止、精神面貌和专业素养也是重要的考量内容。如果一个人容颜很美，外形条件优越，但是行为粗鲁、满嘴脏话，给人的第一印象也不会太好。

对服务工作者而言，待人接物是一门学问，也是一门艺术，需要经过专业学习与长期摸索。刚进入集团的时候，对酒店行业我也是知之甚少，生怕说错话。幸好，我有老师的经验，知道如何更好地表达、更好地沟通，经过多年的历练，还形成了自己的一套语言风格。

精神面貌同样重要。我们对员工的要求是：必须精神饱满地面对每一天的工作。如果你神采奕奕，自信阳光，顾客看着也舒服；如果你无精打采，打着哈欠接待顾客，甚至对顾客爱答不理，只会让顾客觉得你"不专业、不敬业"。

说到底，企业中每一位领导和员工的形象，代表的就是企业的形象。

最后是专业素养。了解自己所在的行业，熟悉自己工作的企业，掌握自己工作岗位的职责要求，能够准确地理解工作任务并加以落实执行，这是职场人专业性的体现。在面试中，如果可以在工作相关问题上对答如流，既能讲出体系化的理论基础，又能说出行之有效的实操经验，就能给面试官留下"很专业"的第一印象，面试也就基本成功了。

人不可貌相，但相也由心生

我是个不太会掩饰情绪的人，有时候对一个人的好恶会直接写在脸上。比如去外面吃饭，大家围坐在一桌谈笑风生，如果有人谈吐粗鲁，不顾及他人感受，我就会觉得这个人不值得深交。

不过我也经常告诫自己，与人交往时不能妄下定论，更不要轻易评价，毕竟人不可貌相。除了"第一印象"，还有"第二印象""第三印象"……只有经过多次交往，不断修正和转变自己的看法，才能真正认识和了解一个人。

相信大家也有过类似的经历：有时候对别人的第一印象很准，有的人给我留下不好的第一印象，后面他做的事情也印证了他确实有问题；也有一些时候，我对一个人的第一印象并不好，但后面却出现了反转。

就比如，我给很多人留下的第一印象是"傲"。不少人认为，我是一个做企业管理工作的人，又是有千万粉丝的"大网红"，一定很傲气，很有架子。但是熟悉我的人会说，我没有那么难以接近，尤其和员工在一起的时候，我是一个随和、接地气的人。

那么，我为什么会给陌生人留下"傲"的第一印象呢？我反思了一下，可能在陌生的环境里，如果没有我认识的人，我就不怎么说话，常常正襟端坐在一边，在他人看来可能就比较有距离感。

之前有人来拜访我，可能是第一次见我的缘故，也不敢上前与我打招呼，后来还是托别人约见了我，说有事情想请教。我们在茶室见面，落座的时候，我礼貌性地点头致意，他却神情慌张地说："我真不知道你这么好相处……"

我说："大家都一样，坐下来就是朋友，你别怕我呀。"

还有一次去东营参加活动，一位怀孕的粉丝挺着大肚子站在一边，看我演讲。当我发现她之后，立刻叫工作人员给她搬凳子、倒水，又与她闲聊了几句，从她口中得知当天酒店房间已经住满了，她没有地方可去。

于是我对助理说："她怀孕了，一直坐在凳子上会很累，你把我房间的钥匙给她，让她去休息。"又对她说："你在我房间里休息吧，看会儿电视也行。"

她先是震惊，而后一脸感动，连声说道："谢谢！谢谢！"

对我来说，这可能只是一个小小的举动，但是打破了她对我的刻板印象，拉近了我们的距离。

其实，我很健谈，也很开朗，只是属于比较慢热的性格，熟悉了就很容易亲近。在社交中，我喜欢用眼睛去观察每个人的举止，用耳朵去倾听每个人的谈吐。如果我们不同频，我便会"惜字如金"；相反，如果彼此谈得来，我便会滔滔不绝，热情地参与到话题之中。

俗话说，知人知面不知心，但俗话也说过，相由心生。有时候，人的内心戏确实会"写"在脸上，"藏"在表情里。眼睛里的戏最足，对方的情绪是快乐或悲伤，是单纯或复杂，是阳光或阴郁，我们往往一眼就能看出来。当然，初次见面时，与人长时间对视是不礼貌的，但我们可以察言观色，在不经意间了解和认识他人。

同时，我们更不可忽视自己给他人留下的第一印象。了解、认识和欣赏都是相互的，而良好的第一印象是这一切的基础。请记得保持微笑，亲切交谈，打造一个自信、阳光的形象。

爱笑的人，运气不会差；亲切的人，沟通更加顺利；自信、阳光的人，走到哪里都自带正能量。如果能做到这几点，你觉得自己能不受欢迎吗？

6. 落俗无可避免，精致至死不渝

真正会打扮的女人都懂得追求精致，从细节入手。

只不过，每个人对"精致"一词的理解不同，于是便有了各种画风：

有的女孩认为，精致就是精心摆盘的早餐；是花两个小时画出的妆容；是喝下午茶的时候拍出有格调的照片，配上一段优美的文字，再发个朋友圈。

还有人说，精致就是有钱有闲，可以自由地将各种奢侈品、限定款、限量版、独家版、珍藏版尽收其中，家里有一架子的红酒当作摆件，衣柜里有各种名牌包包随时待命。

也有人说，会读书的人才是真的精致，于是买来各种畅销书，在机场摆拍读书的照片，为自己营造一种"精致"的人设……

在我看来，精致不应只是这些外在的东西，更应该是一种生活态度。

精致的女人，不一定要用限量发售的奢侈品来证明自己的与众不同，一件干净的衣服，一张略施粉黛的脸，用心去妆点别人意想不到的小细节，用心去感受生活中的小幸福，同样可以表现出自己的"精致"。

想要美得脱俗，就必须活得精致

在满大街都流行穿红裙子的年代，我也未能抵御住主流时尚的诱惑。红裙子在黑白灰的年代确实美得出其不意，它代表着青春、热情和活力，正像那个年纪的我，初出校园、新入社会，脸上尚未褪去稚气，心里却早已充满了雄心壮志，想在这个崭新的天地里好好闯荡一番。

青春逢盛世，奋斗正当时。

依然记得那天，我穿上新买的红裙子走在街上，感受到人们对这抹亮色屡屡回顾的目光，正得意之时，迎面走来一个和我年纪相仿的女孩，穿着和我一模一样的红裙子——撞衫了！

她也注意到了我的红裙子，一丝尴尬的气氛无声地蔓延在两个人之间，我们都不约而同地加快了脚步，想要赶紧消失在对方的视线里。

回到家之后，越想越不甘心，明明自己很喜欢的红裙子，刚穿了一次难道就要压箱底吗？不行，我得想办法改造它，让它与众不同，成为我独有的红裙子。

于是我拿起剪刀和针线对它进行了一番"整容"，把裙子的底边剪成了花瓣形状，沿着花瓣边缘缝上了一圈白色蕾丝边，每片花瓣中间又都绣上了小小的白色雏菊，这样一来，新裙子再也不会"泯然众裙"了。改造后的红裙子，热情奔放中又不失恬静优雅，动静相宜，真是越看越喜欢，就算再次与别人撞衫，我也能底气十足了。

时尚是一个又一个的轮回，红裙子流行过后，又开始流行起黄裙子、花裙子……大家对红裙子的狂热追求很快就销声匿迹了。但红裙子不仅仅是一件衣服，它代表了我们对审美的趋同意识，就像几乎每个人都会认同大眼睛、双眼皮、瓜子脸、白皮肤很美的道理一样。

这种审美，确实很美，但也容易让人陷入审美疲劳，期待有一些新鲜的东西能打破这种僵局。从红裙子事件之后，我不再只满足于追求流行，而是希望打造出属于自己的风格和特质，在细节处变得精致一些。

精致的生活态度才是女人的底气

何为精致？在我看来，它可以拆分为两个词——"精细"与"情致"。

"精细"就是从细微处着眼，发现常常被人忽视的、可加以改造修饰的地方，这种小的改变，往往能起到锦上添花的作用。

这种精细可以是衬衫上的一个小胸针，袜子上的一圈小花边，包包上的一个小挂件，夹在书中的一个书签。当你与穿着同款式衬衫的同事并肩而站的时候，小小的胸针并不抢眼、张扬，却能让人对你印象深刻，就像暗夜里的明珠一样占据人们的视线，即便对方叫不出你的名字，也能对"那位戴着胸针的女士"记忆深刻。

"情致"就是在这些外在的事物上融合一些内在的元素，把心灵深处的纯净、浪漫、柔和、活泼等元素具象化，并融合到生活的点滴之中，使其更具仪式感。

这种"情致"是审美趣味、文化底蕴、素质修养经过多年沉淀而得的，是岁月对我们最好的回馈。比如，你可以在花瓶里插上一枝能代表心情的花，好好地照料它，那么你的房间就是崭新的，你过的就不再是与昨天、前天、大前天一样的重复日子。

可可香奈儿说过："相比于精致的衣服，精致的生活态度才是女人的底气。"时光易老、容颜易逝，尽管此时的我们无法美得恍若二八年华，却可以怀揣着愈加精致的处世态度生活一辈子，让生命里的每一天都充满与众不同的质感；当你做了一些让自己感觉积极又美好的事情时，你的生活状态也会变得积极又美好。

精致是一种品味，一种格调，一种态度；与年龄无关，与长相无关，与物质无关。

女人最深层次的精致，就是内心晶莹透亮，对人淡然，对事淡定，即便在岁月蹉跎中，仍然笑得气定神闲。精致的美，不仅是一种装饰，更可以升华为一种感悟——对生活始终保持一种简单的热爱，因为一些小细节、小幸福而感动。

虽说年华易逝，人生易老，但精致的女人永远懂得内外兼修，宠辱不惊。

第二章

腹有诗书气自华

无论穿衣打扮，还是思想认知，女人都应该活出自己的样子。

1. 脱稿演讲是天赋，更是努力

很多人害怕上台演讲，在众目睽睽之下，哪怕手中拿着演讲稿，照本宣科地朗读，也是结结巴巴。混乱的思维、紧张的心理、怯场的表情都展露无遗，更别说镇定自如地脱稿演讲了。

有一次参加一个经济工作会议，张总有事没在公司，打电话让我去，他说："稿子都写好了，你照着读就行。"我信誓旦旦地说："放心吧，照着读，谁不会呢？"

到了会场，我发现所有人的发言都落入了循规蹈矩的沉疴中，大家都在读稿，导语、事件、分析、总结，在类似八股文般一成不变的框架中，洋洋洒洒几千字，味同嚼蜡。台下人的反应则像看书看报一样死气沉沉。

我读了一个开头，觉得很别扭，便放下稿子说："我不读了，你们也别看稿了。大家都识字，有啥好读的，这不是浪费时间吗？"

听到这番话，台下很多人都有些诧异和不知所措。

为了打破尴尬的气氛，我调整了一下站姿，换了个微笑的表情，开始即兴发言。虽然没有了演讲稿，但我没有偏离主题，而是用自己的语言重新组织，声情并茂、抑扬顿挫地娓娓道来。

事后张总还夸我："大家都很佩服你的脱稿演讲能力，说你很有天赋！"

我笑道："所有的天赋不都是百炼成钢吗？"

天赋加努力，是亘古不变的道理。在演讲这件事上，语言天赋很重要，清晰的口齿、随机应变的头脑看似是老天赏饭吃，实则老天只是赏了我们一碗白米饭，想要吃出滋味来，最重要的是舍得下功夫去研究配菜——不断地在原本的基础上提升自己的语言素养和临场能力。

台上一分钟，台下十年功

正所谓"台上一分钟，台下十年功"，演讲和戏曲、跳舞一样，台上熠熠生辉的一瞬间，需要台下无数岁月的勤学苦练。

我曾经当了十年教师，每次上课前都会备课，因为老师不可能一直拿着课本去读，而要提炼出重点，层次分明地去讲解，这样才便于学生理解。站在讲台上，面对一张张求知的脸，我必须思路清晰，把知识点讲解透彻。这都为我日后的脱稿演讲打下了基础。

抖音上有很多粉丝喜欢我，尤其喜欢我的脱稿演讲视频。其实那些爆款的脱稿演讲视频，从构思、写作到默稿，都付出了极大的努力。你听到的每一句话、每一个字，都是经过我反复推敲和斟酌的。

演讲说到底，就是表达一种观点、一种思想、一种精神境界。语言、表情、动作都是外在的辅助，内心的思想、观点才是演讲的内核。你要表达什么思想、什么观点，用什么样的方式、什么样的逻辑去表达，如何提升主题等等，都需要事先做好设计。

文思宛如璞玉，一个小小的灵感不足为奇，只有经过字斟句酌和精雕细琢，才能深深地将它们印在脑海中，为它们赋予可以变现的价值。

临阵磨枪，不快也光。这么多年，我一直有默稿的习惯。有时为了一次脱稿演讲，我凌晨五点就起床，一遍一遍地默读，一段一段地记忆，就是为了站在演讲台时能够胸有成竹、语句流畅。

春种一粒粟，秋收万颗子

平常不需要演讲的时候，也要做足文学素养、知识体系的积累。

　　在那个没有手机和互联网的年代，看书成了当时孩子们最大的乐趣。汪国真的诗、杨沫的《青春之歌》、奥斯特洛夫斯基的《钢铁是怎样炼成的》……这些书中的经典语段，我们那代人几乎都烂熟于心。我看书有一个习惯，就是每次读到唯美的句子，或是自己喜欢的诗词段落，都会标注、摘录，对于特别喜欢的，还会将其背诵下来。这个习惯保持至今，让我获益匪浅。

　　那时的书大多都是借阅的，物以稀为贵，所以大家有空就看书，看完一遍还要看第二遍。如果是自己的书，我最少会看三遍——第一遍细嚼慢咽地读；第二遍把喜欢的文字标注出来；第三遍用小三角形打上重点，反复背诵，作为写作的素材。在整个学生时代，我的作文经常被老师当作范文，这点小小的成就感也促使我更爱看书和学习。

　　我有一个纸张泛黄的本子，里面都是我从各种诗词、散文、小说中抄录的金句，它们不仅被记录在本子中，也镌刻在我的记忆里，每当我上台演讲的时候，它们都能源源不断地提供灵感，让我的语言更加优美、灵动，富于情趣。

　　有一次去寿光参加活动，企业文化中心的主任给我选了二十多个知名的历史文化材料，我用了其中两个，一个是象形文字创作者仓颉，另一个是农生专家贾思勰。那是我第一次接触《齐民要术》，以前只知道它是一部史诗级的农学专著，对书中的内容了解不多，由于时间有限，我只能努力阅读和理解书中的精髓。倘若给我更多的准备时间去翻阅、理解、吸收更多的相关资料，我一定可以在那次演讲上表现得更完美。

"钟鸣鼎食，楼聚群英"的出处

我曾见过一位粉丝，他说从我的直播间里学到一个新词——群贤毕至。这个词很少有人用，他觉得很古典，也很文雅。

我还记得那次脱稿演讲："蓝海大饭店群贤毕至，御华厅里楼聚群英。"钟鼎楼是蓝海商务宴请的地方，得名于《滕王阁序》，意为"钟鸣鼎食，楼聚群英"。

老员工都知道，钟鼎楼每个房间的名称，都是青岛大学王平老师苦思冥想，从《滕王阁序》中挑选、提炼出的精华词汇，每个名称都有它的历史渊源。作为公司的顶级宴会餐厅，我们希望它能够体现出更多的文化品位。如果在服务席间能够引经据典，说出每个房间名称的由来，顾客也会觉得这里是高雅之堂。为此，第一批宴会厅员工不仅能够熟读《滕王阁序》，有的还能够通篇背诵，实在不简单。

从小到大，我几乎没有离开过舞台，只不过是从表演的舞台，转换到教师的讲台，后来又转换到企业的演讲台。这种转换就像人生的递进，每次转换必将迎来蜕变、革新和成长。

　　小时候上台表演，锻炼了我的心志，培养了我的"台风"；长大后当老师，增长了学识，有了思维上的层次感和语言上的逻辑性；后来进入蓝海，与员工同舟共济、荣辱共度，让我有了底层思维，更加懂得换位思考。

　　经过这些年的磨炼和积累，让我在写作、演讲时，都尽量做到有逻辑、有递进、有层次，而不是信口开河、不知所谓。

2. 说话是一门艺术

"良言一句三冬暖，恶语伤人六月寒"，说话是一门艺术，更是一种智慧。

有人说话如和煦春风，微微暖阳，让人倍感亲切、舒适；有人说话却如寒冬落雪，万箭穿心，伤及人的要害。在什么情境下说什么话，会将一个人的情商体现得淋漓尽致。

生活中，有人祸从口出，因为说了不该说的话；有人快人快语、直言不讳，因此得罪了不少人；还有人喋喋不休，惹人厌烦，或者寡言少语，不善表达……说话太多或太少，太假或太真，都不是什么好事。所以古人才说：知人不必言尽，留三分余地于人。

说话不仅能够体现出情商，还能体现出内心修养。五大三粗的人，往往心直口快，想到什么说什么，句句都是大实话；博学多才的人，话语中引经据典，字字珠玑，令人回味无穷；风趣幽默的人，是人见人爱的开心果，总能让人捧腹大笑。

很多时候，你所说的话，就是你所塑造的一种形象，就是别人眼中的你。

会说话是一种高情商

记得有一次途经某层楼时，我恰好听见房间里传来客人与服务员的争执声。我一脸疑惑地走进房间，只见客人面红耳赤，浑身散发着酒味，一看就知道他喝多了在耍酒疯。

客人手里攥着一条毛巾，对服务员大吼："你马上给我换一条新的，这条味儿可大了！"服务员才上岗没几天，有些"规矩"不是很懂，坚持说："毛巾是新领的，不可能有味道！"眼见两人僵持不下，我连忙走过去，对客人说："对不起，我们马上给您换一条。"

我把服务员带到布草间，她满脸委屈地对我说："毛巾真的是刚领的。"我点头表示赞同，对她说："你看，我是如何处理的。"我将客人扔回的毛巾重新整理好，再次放入托盘中，然后和服务员一起敲开客人的房门，微笑着说："先生，给您换了一条毛巾，您闻一下是否还有味道？如果有，我们再给您换一条……"客人闻了一下，说：

"这条没有，刚才那条有。"

其实想要快速解决这样的争执，就是几句话的事情。面对喝醉酒、胡搅蛮缠的客人，你不可能一直讲道理，更不可能硬碰硬地争执起来；面对新上岗的服务员，你也不能一味责怪，或者当面指出问题，而应该用实际行动告诉她，应该怎么去说，怎么去做。

还有一次，下属某酒店的正副总经理闹矛盾，两人因管理风格不同，针尖对麦芒，经常发生争执，甚至在下属面前也毫不避讳。员工们议论纷纷，造成了极其不良的影响。

年底，副总经理晋升时，我找他谈话："你知道吗？我原来不同意你晋升的，因为你目无上级，即便你的意见是对的，也不应该当面顶撞，但是你们总经理跟我说，谁都有年轻气盛的时候，人总要学会成长，给其机会，就是鞭策。所以，我勉强让你过关。"

听闻此言，副总经理有些惭愧地低下了头，说："以后我一定会谦逊做人。"

我又对总经理说："他已经认识到自己的错误了，今后看行动吧！"

自此之后，两个人和谐相处，工作上互帮互助，成为一对好搭档。

这样的事情在企业中常有发生。当员工与客人、员工与员工、员工与领导、领导与领导之间发生矛盾冲突时，作为管理者，应该怎么说，应该怎么去处理呢？你不可能完全否定一个，赞同另一个，这样的"站位"只会让矛盾升级。

最好的方法就是站在双方的立场上去思考，客观地看待双方的矛盾。从管理者口中说出的话，一定要让员工能够接受，同时也要讲明矛盾所在与解决方法。

会说话有技巧

对服务工作者来说，不会说话是致命的硬伤。

在这么多年的职业生涯中，我很注重自己的说话之道，同时也很注重员工的说话之道。

前台接待客人的服务员自不必说，礼貌、文明、亲切的说话方式是最基本的要求。对管理人员来说则要严格很多，平时汇报工作、在员工大会上发言，都需要一定的口才，否则上下级沟通就会变得很吃力。

想要快速提升说话技巧，第一要选择适合自己的语言风格，不要"为赋新词强说愁"，要用自己能够理解的词语来表达自己的想法，不然照本宣科，也会望着陌生的词汇语塞，语调和神情都无法自然舒展。

我记得在一次员工大会上，有一位从基层做起来的总经理，以前是做厨师的，锅碗瓢盆耍得很利落，但说话却结结巴巴。我对他说："你别紧张，你不用说得诗情画意，只要讲实在的，讲正事儿就行了。"

果然，当他不再刻意说一些文绉绉的词语，他的发言也变得流畅了许多。

每个人都有自己的语言风格，但这种风格并不是一成不变的。面对不同的人，在不同的场合，语言风格都会发生变化。服务人员对顾客应该怎样说话，管理者对下属应该怎样说话，亲人与亲人之间应该怎样说话……其实，都有一定的规律可循。

比如，急事慢慢说；小事幽默说；重要的事，第一时间说；做不到的事，不要轻易说；没把握的事，谨慎地说；不确定的事，不要胡说；伤害别人的话，不能说……

删繁就简，也是快速提升说话技巧的一条捷径。有些人说话口若悬河，但并不是罗列优美词汇，而是在不经意间加入了很多废话，明明两句话就能说清楚的事情，他们说了半个小时，别人也不知所云。

前几日，一位经理来我的办公室汇报工作。

他说："书记，跟您汇报一下，就是关于前期员工关爱工作的落实情况，然后就是上周我们到东营的各个实体店进行了一个检查……然后……然后……就是了解到各个酒店都开展了一些那个业余文化活动……然后……我们感觉有些酒店，他组织得还是不错的，有很多的亮点。然后，回来之后在全集团范围内就下发了关于这个业余文化活动的征集，然后……"

我耐着性子等他汇报完，反问他："然后呢？"

他有些尴尬，低着头说："然后就没有然后了，然后请您审审。"

我说："我今天听到的全是'然后'，不说这个词，你就不会汇报了吗？"

他显得更加紧张了，说自己没有注意。我说："你不用紧张，可以试着把'然后'这个口头禅改一下，重新汇报一遍。"

于是，他又重新开始汇报。前几句还好，有意避开了"然后"这个词，但几句话之后，"然后"又挂在了嘴上。这次，我打断了他，微笑着说："我在这里听你汇报，满脑子都是'然后'，根本听不下去其他内容。你没发现，我的注意力都不集中了吗？所以，你先回去把这个口头禅改掉，再回来汇报，好不好？"

小时候写作文的时候，老师说："你这里用这个词，后面再用到的时候，一定要换一个同义词。"我自己平时很少会说口头禅，现在也要求企业管理人员给自己录音，找出自己的语气词、口头禅，那些大可不必、画蛇添足的话，必须改掉。

许多事情，并不是多多益善，尤其是说话的时候，去其糟粕，留其精华，才能事半功倍。

如何面对批评与质疑

在日常生活中，我说话比较随意，性子直爽，有啥说啥，但我却不喜欢与人争论，一些问题可以各抒己见，也可以求同存异地保留各自观点，不必非要争出个高下是非。

记得刚做抖音时，我家先生和女儿，都为我捏了一把汗。女儿学的是大众传媒，她说："网络里的水太深了，这是个江湖，众口铄金，有时候网络暴力真的很可怕。"女儿担心我是有原因的，她觉得我的人生之路实在平坦，没有经历过什么大的挫折，大多数时候都生活在称赞、鲜花和掌声当中，如果有人诬陷我或者给我泼脏水，我肯定受不了。

她很认真地对我说："你看着是 50 多岁了，但是你很脆弱，有一颗玻璃心。"

我有些不服气。先生则在一旁补刀："咱们这个年纪了，还是要低调啊！"

我知道他们担心我，但我也有坚持的理由，身正不怕影子歪，无畏所以无谓。

就这样，我开始做抖音，没想到第一条视频就火了。有些意外，也很开心。现在，我在抖音上发布了那么多条视频，收获了千万粉丝，虽然也有质疑我的人，但按比例来算，可能只有百分之零点几，几乎没有黑粉。

我也知道，世界上没有绝对完美的人，也没有绝对完美的企业。面对质疑和反对的声音，如何做出调整，力求更加完美；如何做出回应，坚持自己的立场；如何去展现个人魅力和企业风采，才是集团党委书记应该去思考的问题。

孔子曾说，君子"敏于事而慎于言"，对工作要勤劳灵敏，说话更要小心谨慎。这是古人的智慧，也值得我们每个人去学习。

3. 声音是有表情的

有人说，男人说话注重内容，比较理性，就像一篇论文；女人说话则更注重声音和语调的表达，比较感性，就像一篇散文。我觉得这样的比喻很贴切——在工作中，张总负责理性部分，而我负责感性部分。两人互补协作，说话的风格不同，语调也不一样。

声音是女人的第二张脸吗？

我看到网上有很多人说：声音是女人的第二张脸，声音好听的女人，十有八九是美女。

这一观点受到众多网友的点赞与认同。人们会习惯性地认为，好看的女人声音一定好听，就像看到观感不错的美食，我们都会下意识地将其与"色香味俱全"联系起来。然而现实却并非完全如人所愿。

生活中，随处可见一些相貌平平的女人，说话的声线细腻、甜美，而一些美艳动人的女人，张口却是雷公嗓，让人退避三舍。可见，人美并不一定声美，但声美一定可以加分。

之前参加了一个活动，在电梯口遇到一位皮肤白皙、打扮时尚靓丽的女人。她容貌出众、体态婀娜，行为举止也很有"女神范"，在任何场合都会显得出类拔萃。

可当电梯下来，她开口说话时，我对她所有的幻想和期待都大打折扣。

她说："我到12楼，给我按一下。"她的声音低沉沙哑，吐字一顿一顿的，有点像锯子拉过木头时发出的嘎嘎声。

当然，我们不能以貌取人，也不能"以声取人"。女人说话的声音甜美、性感、温柔、细腻，自然是好事；但天生嗓音粗犷、沙哑、低沉，也没有办法，哪怕通过长期训练，可以改变声线，听起来仍旧不够自然。

我们还应该分清楚：声音动听和说话让人感觉舒服，并不是一回事。

记得刚进入蓝海工作时，张总安排我去参加一个礼仪培训讲座。从大堂的海报上，我看到了一位身材苗条、气质出众的女讲师，年龄在40岁左右。一起参加培训的人都说，这位讲师好漂亮！我也觉得她好美，很期待见到她本人。

女讲师步态优雅地走上讲台，真像画中走出来的一样。她本人比海报更加美艳动人，引得台下学员连声欢呼。

然而，在她开口的一瞬间，大堂突然安静下来，大家的热情瞬间被浇灭，一种莫名的失落感萦绕在大家心中——谁都不曾想到，这样美得出尘的女子，声音却如此沙哑。

好在她的专业素养很高，音色虽然沙哑，仍掩盖不了她出众的气质。她说话时温柔、谦卑的态度，无时无刻不在诠释什么才是真正的礼仪。那一堂课，让我获益匪浅，也学到了很多知识。

为什么有的人说话声音优美，却遭人抵触？为什么有的人说话声音不好听，却能让人信服、喜爱？

这与说话的态度和内容有关。

记住，声音是否好听，并不是决定性因素，即便我们无法拥有天生优越的嗓音条件，也没关系，说话的态度是否真挚、谦逊，说话的内容是否有价值，才是关键所在。

未见其人，先闻其声

人的表情不仅会挂在脸上，体现在肢体动作中，也会藏在声音里。你的面部表情和肢体动作可以稍加掩饰，但你的声音永远不会骗人。

很多时候，声音里的表情，比面部表情更加丰富多彩。

社交场上成熟老练的人，可以从他人的声音中听出很多东西，比如说话者的性格、阅历、修养、健康状态等。温婉的女人，说话柔声细语，不疾不徐；刚毅的女人，说话语气坚定，不容置辩；胆小的女人，说话轻声细语，字字斟酌；高傲的女人，说话声音洪亮，句句铿锵……

声音的传达，能够体现出一个人的性格与修养，能够对人产生最直接的冲击力和影响力。

有一次出差，飞机准点起飞，穿行在云层中，往下看是蓝天白云，往上看是艳阳高悬，真有一种天外有天的畅快感。

这时，机舱广播里突然响起了空姐的声音，无非是一些礼节性的问候与提示，乘客们习惯性地闭上眼睛，靠在座椅上，似听非听，我也收回了目光，开始闭目养神。

曾几何时，空中服务是服务行业最高级的代名词，但随着民航业的快速发展，空乘人员也不再是万里挑一，微笑变成了一种动作，问候变成了一种形式。如果缺少发自内心的热忱，说话的声音就会缺少灵魂和感情。

空姐的播音结束后轮到机长发言。他的声音听起来有气无力，有几分疲倦，也有几分焦躁，仿佛都能看到他的脸上挂着一万个不情愿的表情。我皱了皱眉头，心想：这样说话，不如不说，听着影响心情，只会适得其反。

机长最重要的任务是开好飞机，至于他长得帅不帅，谁也瞧不见，只要能平稳起飞、安全降落就可以了。为什么非要机长说话呢？可能是为了让乘客更加放心吧。可是听着广播里机长无精打采的声音，乘客们反而会担心他没吃饱、没睡好，对他的驾驶技术也会产生些许质疑。

声音也要有"度"

人人都爱声音甜美的女人，那么，是不是声音越甜越好呢？

显然不是。

说话的声音也要有一个"度"，不能太甜或太腻，否则听起来会让人不舒服。就像做菜，需要把握火候，不然即便使用同样的原料和调料，有的人做出来是美味佳肴，有的人做出来却难以下咽。

一次慰问员工时，我对一位保洁阿姨的声音印象特别深刻。她说话时，吐字的声调就像越剧里的对白，仿佛经过艺术加工一般，充满了韵律感，袅袅动听，听的人会觉得她说的话特别舒服，甚至可以从她的声音里听到热情、亲切和幸福感。

我觉得这样的"度"刚刚好，甜而不腻，令人回味悠长。

普通人不必刻意追求自己的声音多么优美、多么动听，用最自然的状态说话就好；作为服务人员，对自己的声音就要有所要求，甚至要像训练身体一样去训练声音，虽不必苛求美妙，但至少悦耳。

首先，咬字一定要清晰，字正腔圆，不能带地方口音。

其次，谈吐要自然流畅，感情真挚不做作，这样的声音才容易引起共鸣。

第三，要控制好语调和语气，要有抑扬顿挫和轻重缓急。

最后，平时多注意自己的发音方式，更要保护好自己的嗓子。

4. 别小看国学

　　山东是孔孟故里、儒家圣地，源远流长的国学文化滋养着一方厚土，也熏陶着一代又一代的山东儿女。蓝海集团在这样的文化背景下孕育而生，血脉中流淌着国学的基因。

　　每个企业都有自己的文化标签，蓝海集团的标签是"以儒家思想为根基，建立具有蓝海特色的企业文化"。我们一直提倡员工"先做人，后做事"，只有不断学习，才能提高自身素质；只有做到庄重厚道、坚强刚毅、灵巧思辨，才能成为公司的可用之材。

　　多年以来，我们坚持学习中国传统文化，尤其从儒家文化典籍中汲取了不少营养。可以说，国学的因子浸润了每一个蓝海人的人格，优良的传统美德也在每一个蓝海人身上得以体现。

国学与蓝海文化相通

张总曾经说过：蓝海集团是"五代同堂"——60 后、70 后、80 后、90 后、00 后，老一辈人和年轻人汇聚一堂，共同学习，一起成长。

蓝海集团曾立下一个宏伟目标：学十年国学，做百年品牌。

从 2007 年 12 月蓝海第一场管理人员《论语》培训开始，到 2021 年 12 月为止，已经度过了整整 14 个年头。企业文化中心统一组织集团管理人员和大学生学习国学，累计达百余次，各子公司、实体、部门层面的组织学习累计超 5000 余次。

在学习《论语》的头一年，张总亲自坐镇，要求企业管理人员必须背诵。书读百遍，其义自见，这是一种既笨拙又实用的方法。

蓝海也经历过最艰难的时期，蓝海人特别是管理团队，始终坚守岗位。大家凝聚在一起，荣辱共度，坚定不移，哪怕特殊情况不能按时发放工资，仍旧兢兢业业，不离不弃，对公司充满了信任与感情，这不就是《论语》中所说的"君子喻于义"吗？

通过学习国学，大家的思想觉悟高了，精神境界高了，更看重人文的道义，而不是物质的利益，用张总的话说就是：大家明事理了，有格局了，有信仰了。

学海无涯，温故知新，我们从未停下求学的脚步。从《论语》到《道德经》，再到诸子百家，从被动学习到习惯学习，再到主动学习，可以说，正是这种下学而上达的过程，造就了蓝海人的精气神。

当蓝海注入传统的风骨，企业文化也变得更加厚重。

一年一度的国学考试

我们学习国学，并不是走过场的形式主义，而是有考核的。

让我最记忆犹新的是 2020 年的国学考试。当时在蓝海御华，我一如既往来到考场，录了一小段视频，然后发布到抖音，这也是我入驻抖音的第一条短视频。

没想到，那条视频一经发布，就引来了众多网友的关注和评论，从此一发不可收拾。千万粉丝通过我的抖音知道了蓝海，了解了蓝海，关注和支持着蓝海，也知道蓝海崇尚国学，每一年都有国学考试。

当然，考试只是一种督促与检验，真正的喜欢应该是发自内心的。好成绩只是试卷上的评分，好心态才是工作和生活的真谛。

兴趣是最好的老师

有人问我："只要在蓝海工作，就必须学习国学，必须参加考试吗？"

我摇头回答："我们只是倡导，不是硬性要求。因为兴趣才是最好的老师，如果我们硬要员工读书考试，恐怕效果不好，还可能适得其反。但我们对企业的中高层管理人员是有要求的，必须要读书，指定读哪本书，还要写心得，在会议上发言。"

企业文化中心经常组织大家学习国学，有一次的内容是学党史。我到现场查看，点到谁，谁就发言。有人被点到了，支支吾吾，说得不够流畅；也有人对答如流，甚至有人主动举手发言，看来是用心学习了。

很多人都说，在蓝海当管理人员很不容易，要像学生一样，每个月都考试。事实就是如此，你想晋升，就必须学习，这也是张总提出的"有为才能有位"。只要你有才能，就不必担心没处发挥。

对于普通员工，我们则没有太硬性的要求，只是倡导他们多看书。每年，蓝海都会评选"最美宿舍""最美笑容"等，奖励就是发一套书。平时，企业文化中心还会组织一些活动，比如演讲、征文比赛等。用这样的方式来引导大家学习国学。

现在进入集团的年轻人越来越多，我经常会对他们讲："未来你想进步，想升迁，就必须要学习。我们有一个'大学生国学班'，你不是经理，也可以报名。"那些自愿报名的年轻人，大多对未来抱有憧憬，从做员工时开始学习，一点点进步，一步步攀升，前程一片锦绣。

中国文化博大精深，我们学到的可能只是皮毛，但生命不息，学习不止。希望蓝海人在一年又一年的学习中，不断提高自己的文学素养，前程似锦，未来可期。

5. 杏子有青黄，雅俗可共赏

　　我家小院里种了各种花草树木，有桃、杏，也有牡丹、芍药，还有月季、木香。

　　春天一到，草木复苏，芽点儿便像鞭炮一样炸开，或破土而出，或摇曳枝头。那种生命力，会让人看到欣欣向荣的希望。尤其是雨后的清晨，绿叶叠翠，繁花似锦，空气中弥漫着泥土和花草的清香。当我出门路过小院时，总会不自觉放慢脚步，流连于此情此景之中。

　　有人说，养花养草是一件"雅事"，我却不这样认为——很多人，或许只看到花开时有多美丽，果熟时有多香甜，却不知养护的过程有多艰辛。平时的浇水、施肥、修剪、除草、松土都是"俗事"，需要付出耐性、热情、体力和泪水。

赏花品果的确算"雅事",但在我的小院中,雅俗却是不可分的整体。

小院里,春、夏、秋三季,可观花、可赏叶,随便一处小景都美不胜收。唯独冬天萧条,宿根花卉的地面部分都枯萎了,果树也掉光叶子,开始休眠,在北方的严寒中酝酿春梦。

曾有朋友提议:"为什么不在院子里种上一株蜡梅,那样冬天也有花看啦!"

我说,院里没有地了,想种也种不下。而且,北方的冬天本来就是那个样子,秋收冬藏,该枯萎的都枯萎了,虽不见绿树繁花,但花草果树都在默默生长,积蓄养分,也值得欣赏。如果在枯槁的小院里开出几朵梅花,反而会让人觉得很突兀。

在我的小院中,有名贵的牡丹芍药,也有公园、绿化带中常见的鸢尾花。

女儿问我:"那个鸢尾花到处都是一大片一大片的,扔在路边都没人捡,你干吗把它们种在院子里?"

我说:"因为我特别喜欢啊,看着那些紫色的花儿成片开放,我觉得特别美。"

在我家门口,种了几棵红色的月季,还有一棵白木香。家里的长辈说,门口种白色的花不好,可是它已经爬到了门廊上,有好几米高,开花的时候一簇簇聚在一起,远远看去就像一片白色的花海,清香扑鼻。我对于花草的态度是，无论它们是否名贵稀有，是否寓意吉祥，我自己喜欢就行了。

　　生活中很多事情不都应该如此吗？遵从自己的内心，无论高雅或通俗、名贵或卑贱，只要自己喜欢就好。大众的眼光只能代表大众，而你的眼光代表你自己。

青杏挂枝头，黄杏落满地

　　小院里除了有一棵桃树，还有一棵杏树，它算是"奉旨"栽种的。长辈们都说杏树好，庭中有杏树，兴旺又发达！我对杏树没有偏爱，但仍悉心照料，看着它茁壮成长。

　　杏花不比桃花逊色，它的花红白相间，恍如胭脂万点，占尽春光。我仔细观察过杏花，它有"变色"的特点——含苞待放时，朵朵艳红；花瓣缓缓展开时，颜色也慢慢变淡；花落之时，就变成了一片雪白。这种红白相间的搭配与转变，是大自然最美的画作。杏子成熟的季节，青杏挂枝头，黄杏落满地，那又是另外一番景象了。

　　今年春天，杏子挂满枝头，一夜风雨过后，院子里落满了杏子。

　　助理来接我，惊讶地说："书记，你过来这边看看，两天不在家，那个杏掉了一地。"

　　我走过去，看见满地都是金黄的杏子，也露出了惊讶的表情。

助理说："昨天晚上风大，一吹，掉下来了。"

我蹲下身子，捡起一枚黄杏，十分惋惜地对助理说："你知道吗？这就叫'夜来风雨声，杏落知多少'。"

助理笑道："有文化就是好啊！"

我问助理："你怎么说？"

助理不假思索地回答："我说，黑夜刮大风，满地落的都是杏。"

我被逗乐了，夸了他几句，接着问："你有没有发现，这满地的杏说明了一个道理：不管是人或物，都应该有自知之明。你看，杏子落在石头上，摔得面目全非、遍体鳞伤，这叫硬碰硬；你再看，那边的杏子落在草地上，却完好无损，这叫软着陆。这说明什么呢？"

助理回答："人不能死犟，不撞南墙不回头啊！"

我又笑了，然后走到墙角，望着伸出墙外的杏树枝，调侃说："你看这个，这是'满园春色关不住，一枝红杏出墙来'。你们那边怎么说？"

助理也笑了，附和道："我们那边说，'六月六苞谷秀，满枝的梅杏爬墙头'。"

我听完后连声夸赞："可以啊，话糙理不糙！"

语言的艺术就是这么神奇，不是只有阳春白雪才能称为高雅，不是下里巴人就代表俗气。对于任何事物，我们都抱着欣赏和求同存异的目光，雅俗共赏。

雅，是风花雪月江夜船，俗，是柴米油盐酱醋茶。一个人活着，离不开高雅的精神追求，也离不开基本的吃喝拉撒。无论在文化还是艺术领域，雅和俗都是并存的，有高雅的艺术，就有通俗的艺术，两者都会有出彩的地方。

当我看到满地黄杏时，会联想到一些诗句，会觉得诗中的意境与此很贴切，也很美；当助理看到同样的景象时，则会用更加通俗易懂的语言去表达。这两种表达不都很棒吗？杏子尚且有青有黄，文化和艺术的包容性，自然允许高雅与通俗的并存……

诗词中的雅与俗

从小我就对中国古诗词情有独钟。每次看到自己喜欢的诗句，都会摘录下来，没事就读读。有的诗句熟记于心，在平时交流或者脱稿演讲时，总能用得上。

这就是我的说话风格，但我不会刻意引用诗句，让别人难以理解，还是更倾向于用通俗易懂的语言表达，这样更容易引起大家的共鸣。

比如，在参加"我是安英，家住东营"活动的时候，主任给我准备了很多诗词，但我选的是自己熟知的、别人也容易理解的句子，最后只留下三句：第一句是"花开四季皆应景，俱是天生地造成"；第二句是三毛说的，"每个人的心中都有一亩田，种桃，种李，种春风";第三句是说庐山的,"每个人的心中都有一座城,横看成岭侧成峰"。

我觉得这样的表达完全符合"雅俗共赏"的原则。古代诗词本身也是雅俗并存的,有的言辞高雅、意趣深远、清新脱俗,称之为"雅";有的语言直白、直抒胸臆、通俗易懂,称之为"俗"。虽然古代诗人更多是尚雅避俗,但在现代社会,不食人间烟火的仙女恐怕也没有多少出路吧!毕竟,俗有俗的烟火气,淳朴的乡音或街上的叫卖声、吆喝声,同样具有魅力。

人生百态,最重要的还是我们自己的心,能否在高雅或通俗的事物中找到共鸣。

第三章

有温度的管理者

女性身上有许多天然优势，女性管理者更是如此。

1. "1.5 把手"的由来

很多人通过抖音认识了我,认识了蓝海,知道公司有一位书记叫安英,甚至有人以为我是公司的一把手。每当有人问及此事,我都会解释说:"公司的一把手是张总,我是他的副手。"

在 2003 年之前,张总一个人身兼数职——公司的董事长、总裁和党委书记。后来,他让我做党委书记,一是多年来建立起的信任感;二是承认我在这个企业中的位置。

大多数企业的现状仍旧是争权夺利、尔虞我诈,比如本地有些明星企业,都存在这样或那样的问题——老董事长退下来,还霸占着办公室,新董事长看不惯老董事长指手画脚,两人针锋相对,最后把企业搞垮了。这是很严重的"内耗"。

蓝海集团却没有这样的问题。

有次记者问张总："安书记是几把手啊？"

他回答说："1.5 把手。"

每次开会，张总都会让我坐在同他一样的位置，说话也是以"我们"，而不是"我"开头，这样和谐的氛围在许多企业里很难见到。企业能够经营下去，配合真的很重要，而我和张总有多年的默契，一起经历过企业寒冬，又一起走向辉煌。

刚柔并济

集团创立至今已有 28 年，最初只是东营区一个小小的政府招待所，后来逐步发展成为全国名列前茅的酒店管理集团，员工也从几十人拓展到几万人。这一路风雨兼程、披荆斩棘、砥砺前行，功劳最大的人便是张总。

张总是一个不苟言笑但办事严谨的人。他觉得员工做得不对的地方，会一针见血地指出来，不留情面，因此员工们见了他都有点发怵。

那时候，我们两个的办公室在斜对门，我时常听到他那边传来严厉的批评声，偶尔还有员工的哭泣声。我知道张总从来都是对事不对人，可能是员工心理承受力不够吧，所以才哭起来。

有一次，一位年轻的女财务人员因点错小数点，而被他痛批一顿，

彩色的优雅 / 070

女员工红着双眼从他的办公室里走了出来。我正好回办公室，见到那个女员工，便将她叫到自己的办公室。掩上门后，我安慰了她几句，说："昨天张总还对我说，你在哪些方面做得很不错，值得培养呢！他今天批评你，肯定是在某些地方觉得你做得不够好，没有达到他对你的期望。他批评你，觉得你是可塑之才，如果连批评都懒得批评了，那你还有什么培养价值呢？你说是不是这个道理？"她连连点头，眼泪掉得更厉害了，有些委屈，但更多的是释然。

在管理中没有"刚"是不行的，无规矩不成方圆；没有"柔"也是不行的，毕竟人都是有感情的。我和张总的配合正好是"刚柔并济"，相互弥补、相互映衬、相得益彰。

常年的默契

集团创立之初，大多外在事务都需要张总去处理，我只负责内部管理，基本不会出现在接待活动中。除非张总主动叫我去，而他叫我去的方式也很有"特点"。

如果他打电话过来说："哎，你在干什么呢？现在能不能过来一趟？"我说："我刚弄上饭，还得看孩子写作业。"他说："哦，那算了吧！"这说明我可去可不去。

如果他接通电话就说："109 房间，你快点来哈！"这说明我必须要去。这就是常年接触累积出来的默契，无需多语，即可领会。

前段时间，酒店发生了一个特殊事件，我却对此一无所知，原来张总早早就对酒店管理公司的负责人说："这件事情不用告诉安书记，我们自己处理好就行了。"

危机过去之后，我才知道了此事，问那个酒店的总经理："你为什么当时不告诉我呢？"他支支吾吾地说："张总说的，不让告诉你……"

我开始有点不理解，还埋怨张总不应该瞒着我。张总却说："这件事不用开会，你知道或不知道，都那样处理，为什么要影响你的心情呢？我希望你全身心地做好自己手中的工作。这么多年，你还不了解自己吗？心里有个什么事，就会全挂在脸上……"

这也是常年的默契，因为相互了解、相互信任，才能做到如此——公司是一个大家庭，张总就像一位家长，家里有点什么事，能够自己担的，他就会自己担。许多时候，他为我杜绝了后顾之忧，让我以最好的精神面貌去面对员工、感染员工、鼓舞士气。如果这点默契都没有，恐怕一些芝麻绿豆大的小事，就会让大家乱作一团了。

张总才是高峰

有些员工说过："张总是蓝海之父，安总是蓝海之母！"我很荣幸被大家这样认可，不过在我心中，张总才是团队的高峰，才是真正的领航者。无论在公司内部，还是外出参加活动，我都尊称他为"张总"；我也很注重自己的措辞，每次都说"张总和我"，永远把他放在第一位。

我做抖音也是带着这样的想法做的。当我发了几个作品，粉丝达到 37 万的时候，我产生了一种预感——很多人可能会误以为蓝海是"安英的"，可能会被动地"喧宾夺主"。

于是，我对张总说出了自己的疑虑："如果我火了，可能安英会成为蓝海的代名词，大家都以为蓝海是安英的，那样可不行！"

张总沉默一会儿，说："我可没那么小气。"

听到这句话，我安心了，开始毫无负担地做抖音。三天以后，我的一条视频就火了，涨了 111.7 万粉丝。倘若当时张总一直沉默不语，我可能就会畏首畏尾，不敢继续前行了。

有一次从日照回来，我接受了一个采访，记者问："你觉得自己最大的成就是什么？"

我说："我践行了一个党委书记的责任，这就是我最大的成就吧。"

作为公司的"1.5 把手"，我时常提醒自己要"定好位、做到位、补好位"。定好位，就是清楚认识自己的职位、职责与职能；做到位，就是在自己的职位上尽职尽责；补好位，就是弥补一把手的不足之处。这九个字都做好了，才称得上真正的"1.5 把手"。

2. 万绿丛中一点红：独特的女性管理者

现代职场仍以男性管理者居多，但这并不能掩盖女性管理者的独特光芒。

女性身上有许多天然优势，比如更加细心，更有爱心，更懂得关爱员工与客户，更容易拉近彼此的距离。在管理领域，男性往往习惯下达命令，而女性更注重上下级关系的协调性与平稳性，管理方式也会更有人情味。

说到女性管理者、女企业家，大家脑海中浮现的人，可能就是格力的董明珠大姐，她的励志故事家喻户晓，激励了无数人，也感动了无数人。在抖音上，有一些人拿我跟董大姐比较，甚至还有人故意带节奏，在我的直播间讨论：大家喜欢董总还是安总？我看到后立刻回复：我更喜欢董总！

我觉得，每个人都有自己的风格，女性管理者更是如此，无须去模仿他人，也无须与他人比较，只要做好自己，坚持自己的风格就好了。

女性管理者的优势

在服务行业，女性从业者反而居多，比如在蓝海，女性员工的基数大概占 53%。另外一些职业，比如幼师、护士等，女性从业者所占的比例会更高一些。所以，无论任何行业，女性都不能把自己看成"弱势群体"，而应该以能力为导向——有多大的能力，就做多大的事；有哪方面的才能，就往哪方面发展。

女性管理者也有自己的优势所在，比如在人员密集型企业，要想打造有凝聚力、向心力的团队，就需要有一块吸铁石，一条情感纽带，女性管理者恰好可以发挥吸铁石和情感纽带的作用。

以前经常有人给我留言："安总，我想跟着你混！安总，我去给你打工吧！安总，我到你那里效犬马之劳吧！"

我都会很严肃地告诉他们："蓝海没有打工者一说，你来蓝海工作，就是这里的主人翁。"

我们一直说关爱员工，而不是关怀员工，就是要让每一位员工感受到蓝海的温度，这也是情感上的一种输出；相对于男性管理者来说，言行举止更加细腻、更加柔性的女性管理者在这方面更具优势。

秋意渐凉，人的心却是暖的。对管理者来说，或许你一个简单的动作、一句简单的问候，就能让员工感受到来自领导的关爱。

冬季气温骤降，有一天天快黑了，我和张总才下班，路过前厅时，我们遇见了一位老员工。只见他穿着单薄的工装，怀里还抱着一大堆文件，被寒风吹得趔趔趄趄。我上前几步，走到他面前，用手摸了摸他的衣领，问他为什么没有换上厚一点的工装，他有些不好意思，解释说突然降温，没来得及换，还笑着说："谢谢安总关心！"

我跟张总开玩笑："你看，我可以摸员工的衣领，你却不能。如果是男员工，你去摸他们的衣领，他们会觉得很奇怪吧？如果是女员工，你去摸她们的衣领，那就坏事了！"

张总也被我逗乐了，露出了笑容。

管理中的"严父慈母"

做客《总裁读书会》时，我讲了一个发生在蓝海的真实事件：

大概在几年前，蓝海的一位老员工发生了非常严重的车祸。她身上的肋骨断了几根，脸被安全气囊撞得面目全非，更不幸的是，车内还有她的丈夫和孩子，一家人都受了重伤。

张总第一时间知道了此事，出差回来便急急忙忙赶去医院，交接和处理各种事宜。作为男性领导，他和医院沟通，和交警协商，安排受伤员工的亲属前来陪护，将一切事情都安排得妥妥当当。

受伤员工的老家远在西安，只有一个弟媳和她同在蓝海工作，张总就对受伤员工的弟媳说："你先放下手中的工作，什么都不用管，来医院照顾她就行了。"这位弟媳一个人也照顾不过来，后来张总又安排其他同事倒班照顾。

我是晚些时候才得知此事的，当时那种焦灼的心情无法言表，就和担心自己的家人一样，心在扑通扑通地跳，脑海中闪过各种画面。

当我走进病房，真正看到她的那一刻，我的内心被刺痛了，我差点儿没认出她。

我俯下身子，轻轻摸了一下她的脸颊，小声地问："疼吗？"

她瞬间就落泪了，说："疼啊，很疼啊，晚上疼得我睡不着觉！"

我明白那种疼，不仅是皮肉上的疼，还有骨折的疼。我当时也没有多说话，因为我知道自己代替不了她，只能靠她自己去承受和坚持。我只能将她轻轻揽在怀中，像母亲安抚女儿一样，轻抚她的背。

张总处理好的那些事情，如果让我去处理，可能会很吃力。同样，我可以抱一抱女员工、安抚一下她的情绪。这充分体现了男领导和女领导的分工明确、各司其职。

我不是女强人

我一直不太认同"女强人"这个说法，为什么要将工作上、事业上表现出色的女性称为"女强人"呢？同样优秀的男性却没有"男强人"的说法，这难道不是一种性别歧视吗？

在我看来，女性管理者也是普通的女人，尤其在遭遇事业上的打击和挫折时，也会有内心脆弱的一面。记得在蓝海最艰难的时期，我们有八个多月非正常经营，我心里比谁都清楚，集团的存亡关系到几万名员工的生计，骤然下降的公司业绩、举步维艰的战略调整、过大的压力与沉重的负荷，几乎让我濒临崩溃，也很担心自己会把焦虑传递给员工。

在一次海边聚餐时，滴酒不沾的我居然喝醉了。当职能总经理饱含深情地朗读着《我们相信》时，聚餐的员工哭了，我也哭了，那是我第一次在员工面前流泪。

张总在一旁宽慰我："天塌下来有地接着，何况天塌不下来。没有过不去的火焰山，怕的是没有过火焰山的勇气！"幸好，有了大家的共同坚持与努力，蓝海挺过来了。

我现在仍旧不忘张总当时说的一句话："你一定要保持自信的笑脸，要一如既往的璀璨。"我知道，只要我保持笑脸，就会传递出满满的正能量，就能发挥出管理者乐观积极的带头作用。

　　眼泪，之所以可以化为热泪，因为我们的心中都燃着一把希望之火，光芒永远不会黯淡，炽热永远不会冷却。

3. 事业和家庭可以兼顾

旧时代的女性讲究三从四德，结婚后就在家相夫教子，不能随便抛头露面；现代社会早已冲破传统的桎梏，对女性不再那么苛刻，女性有了更多追求自由的权利，在家庭中有了更多话语权和主导权，在社会中有了更多的权益保障。这一切似乎都在说明，男女地位越来越平等了。

不过，传统的观念仍然存在。我身边有一些女性，结婚后选择了慢慢放弃自己的事业，一门心思在家"相夫教子"，过上了"男主外、女主内"的传统家庭生活。

那些放弃事业的女性，真的可以在家庭中安稳而幸福吗？

家庭和事业并不存在对立面

很多女性在结婚生子后都面临一个选择题：把重心放在孩子上，还是事业上？

现代社会对于女人的要求很高——假如你选择了家庭，成为一位全职妈妈，就会有人说：你不赚钱，没有事业心，只能靠老公养着；假如你选择了事业，一心忙于工作，又会有人说：你不顾及家庭，不是一位合格的妻子，不是一位称职的母亲。

我也曾面临过同样的选择。

当时我正处于事业发展期，幼小的女儿分散了我很多时间与精力。为了工作，我将女儿放在我妈家寄养，直到她上一年级时才接回身边。在这期间，我只要有时间就会去看她，孩子的童年，我并未缺席。在我看来，事业和家庭兼顾，其实并非难事，关键在于你自己如何调配时间。

有一位女总监也遇到了和我同样的问题，她说："我的孩子才一岁，老公叫我辞职回家带孩子，我该怎么办啊？"

我给她分析："现在的职场，你离开了，立马就会有人补位上来。脱离事业的时间一长，等孩子长大了，你再出来上班，自然会跟不上别人的脚步。如果我是你的话，我会坚持自己的事业，用挣来的钱请一位保姆来照顾孩子。"她有些不解地看着我，内心仍然很纠结。

我继续说："你回家做全职妈妈，对孩子来说肯定是好的，但时间久了，你的老公可能会想，你没有上班，在家里带孩子，是他在养活你。相反，你上班了，把工资给保姆，他会觉得两个人都在上班，都在为这个家付出，两个人是平等的。你懂我的意思吗？"她点点头，似乎明白了。

我最后说："你放弃事业，在家做全职妈妈，等于做了保姆的活，他还觉得是他在天天工作，赚钱养你。如果你把赚的钱用来请一个好的保姆，或者给孩子请一位好的老师、上一个好的补习班，可能比你自己教还好呢！你觉得是这个道理吗？"她很释然地吐了一口气，心里好像已经有了答案。

我个人不太赞同女性放弃自己的事业，回家做全职妈妈，除此之外，还有其他一些原因：

第一，对女性自身来说，长期待在家中，可能将不再时刻保持精致的妆容，也不研究时尚的穿搭，而是习惯随便穿件家居服，往沙发上一躺，看电视、玩手机……这样随性的生活状态很容易让女人变得懒散起来，不注重自己的形象，逐渐也失去了审美能力。

第二，我觉得在男人心目中所谓的"女神"形象，除了阳光积极、知性优雅外，还应该有一份事业心，这会令她的言谈举止落落大方，遇事从容不迫、坚决果断。可以想象一下，一个女人长年待在家里，整天面对不懂事的孩子，处理繁重家务和日常琐事，她如何不被环境同化，如何不渐渐失去光彩，慢慢变成一个自怨自艾、优柔寡断、絮絮叨叨的人呢？

第三，全职妈妈很难与另一半实现认知水平上的同频共振，因为他每天上班和同事谈论的都是工作上的事情或时事热点，回到家中，你和他的话题却只有柴米油盐、家长里短，你觉得他听了之后，能够与你产生共鸣，给出你想要的回应吗？

当然，家庭和事业都需要我们付出时间和精力，但原则上说，二者不应发生冲突，因为事业上的付出会带来物质和精神上的双重收获，而家庭中的付出更是一种享受和续能——爱孩子、爱丈夫、爱家庭，本身就是在给自己充电。只要合理分配时间和精力，两者之间是可以做到平衡的。

自立才是最大的保障

在旧时代女子的认知里，干得好不如嫁得好，如果能嫁一个好老公，有好的公公婆婆，一生便有了保障。现代女性的爱情观不再是谁依附于谁，而是男女平等、相互独立、共担风雨，自立才是女性最大的保障。

曾有一位老员工与我谈心，她情绪低落地说："我感觉自己在家庭中挺没有地位的，我是一名服务员，他是厨师，收入比我高多了，他在家里说话的声音都比我大……"

我对她说："现在不是男尊女卑的封建社会了，夫妻没有地位高低之说。他事业发展得好，你应该感到开心，但你可以奋斗，也会有很大的发展空间。"

十年后，她当上了酒店的管理者，神采奕奕地对我说："现在我们夫妻俩的关系倒过来啦，我的工资比他高好几倍，他说话变得很客气了。"

我时常对女儿说："女孩子要从小学会自立，现在不要想着靠父母，以后也不要想着靠丈夫。你想要什么，不管是优渥的物质生活，还是平等的家庭地位，都必须靠自己去奋斗。"

有一次，女儿陪我逛商场，她看上了一个粉色的包包，爱不释手，一看价格是五位数，发光的双眼突然黯淡下来，回头低声对我说："哎，好贵啊，我好想要一个……"我知道她的小心思，便问她："你凭什么想要？你有那么多钱吗？"

她只能跟我撒娇："你知道的啊！我是一个小富即安的人，不像你一样为事业拼搏，我只想过平凡人的生活。"我很认真地告诉她："可是平凡人的生活里不会出现这样的奢侈品。"

女儿有些失落，神情中透露出一丝委屈，但我并没有心软，而是继续说："你想要什么，爸爸妈妈可以给你，但不可能永远给你。你喜欢的东西都很贵，你想去的地方都很远，你心仪的人都很完美，所以你必须更加努力，让自己有能力去实现愿望。没有人可以代替你，在你自己的人生里，你要为你自己的梦想努力。"

现在很多年轻人都是这样，嘴里说想过平凡的生活，却做着不切实际的梦。灰姑娘嫁给王子，从此幸福地共度余生，这种爱情不过是甜蜜的幻想。哪怕真的有人嫁入豪门，也不能成为终身保障，别人的财富始终是别人的，一切都只是过眼云烟，随时可能会消散。

虽说女子本弱，但如果总是伸手要钱，在家靠父母、出门靠朋友，始终不是长远之计。女性一定要自立，做好自己的事业，实现财务自由，哪怕没有童话般的爱情，至少能够掌控自己的人生，让生活更加接近完美。

事业和家庭兼顾，才能体现出一个女人的成功。努力工作，实现财务自由，才会有更多的选择权和话语权，也有能力载着未来的梦想，扬帆起航。

4. 关于"扶不扶"，根本不是问题

在春晚小品《扶不扶》中，沈腾扮演的男主说过这样一句话："这人倒了，咱不扶，这人心不就倒了吗？人心要是倒了，咱想扶都扶不起来了。"这句话令闻者深省，也让我思绪万千，想到了一些与企业文化相关的事情。

"扶不扶"的问题曾一度登上热搜，成为人们茶余饭后讨论最多的话题，甚至每隔一段时间就会有相关事件被爆出——某某年轻人因为扶老人而被讹了。有人戏谑地评论：是坏人变老了，还是老人变坏了？

助人为乐是中华民族的传统美德，原本最简单的助人行为，却因为害怕"被讹"，让人们变得犹豫不决。"扶不扶"渐渐变成一种社

会性难题：如果不扶，显得人性淡漠；如果扶了，又可能遭遇套路，后患无穷。

如果现实中遇到了这样的事情，我们应该怎么解决呢？

蓝海人的信条

我时常对员工说："端人家的碗，受人家的管。"既然你来到这个企业，就要遵守这个企业的规章制度，无规矩不成方圆，同时，也要接受和认同这个企业的文化精神。

在一次员工大会上，一位大学生问我："在路上看到老人摔倒了，我们到底扶不扶呢？"

我很坚定地告诉他："扶啊！为什么不扶？"

他追问："被讹了怎么办？"

我说："我们在思考'扶不扶'这个问题之前，还应该思考另外两个问题：如果老人生活无忧，为什么还要去讹人钱财呢？如果扶的人没有后顾之忧，为什么还要犹豫和害怕呢？古人说：仓廪实而知礼节，衣食足而知荣辱。老百姓粮仓充足、丰衣足食，才会顾及礼仪，才会重视荣誉与耻辱。现代文明社会更是如此。那些买了全险的车主司机，从来不会在剐蹭中讹人或与人争执——因为他们没有后顾之忧。即便真遇到坏人被讹了，记住，还有集团在啊！只要你问心无愧，真心做好事，蓝海就会为你付这个钱。所以，一定要扶！"

这样的回答对员工的影响非常大。现在，蓝海的员工再遇到类似的事件，他们都会去扶，因为大家没有后顾之忧。更令人欣慰的是，我们的员工不仅没有被讹钱，反而还收到了不少感谢信。

这便是企业文化的传承与感召，也是蓝海人的信条。

"水滴"汇集成蓝海

有一次，我去一家美容院做脸部护理，刚进门，美容顾问小严便迫不及待地和我说起了一件事：星期天上午乌云密布，她带孩子去中心医院看病，看完病出来时，外面下起了瓢泼大雨。忘记带伞的她躲在屋檐下喃喃自语："这可怎么办啊？"

这时，旁边一位白白胖胖的小伙子问她："你要过马路打车吗？"

她点了点头，抱起孩子，在小伙子的护送下，母子俩过了马路，搭上了出租车。那一刻，一股暖流涌入她的心田，她便问热心人是哪个单位的，对方说是蓝海的。说罢，他又护着了另外几位女孩过马路，还把伞撑在别人头上，自己却被淋透了。

小严由衷地说："你们蓝海的员工真棒啊！虽然没来得及问他的姓名，但请您帮我道声谢吧！真的谢谢那位小伙子了！"

最后我找到了那位小伙子，将谢意转达，在集团会议上予以表扬。

其实，他和其他蓝海人一样，有一个名字叫"水滴"；无数小水滴汇聚成蓝海，也汇聚成爱的海洋。

蓝海是最坚实的后盾

很多年前的一个周末，晚上 11 点多，集团酒店旗下的一位女厨师下班回家。由于刚领了奖金，一路上她都乐悠悠地哼着歌曲。没想到，在快到家属区附近时，突然蹦出三个社会小痞子，对她说："唱什么唱啊？"女厨师的性格也很泼辣，说："关你们什么事！"三个小痞子不分青红皂白，上手就打。

我和张总及几位朋友正好在附近，听到女孩的呼救声，立刻跑了过去。见是我们自己的女厨师被打了，随行的一位员工也不管三七二十一，跳上去就开始揍那三个小痞子。他是公司的保安，以前是学武的，一顿操作猛如虎，几个小痞子转眼就成了他的手下败将，躺在地上动弹不得。

警察来了之后，对我们说："下手有点狠啊，还好没伤及要害。"

我说："是他们先动手打我们的女厨师。"

警察点头说："我知道不是你们先打的。"

虽然我们赔付了对方医药费，但三个小痞子也受到了法律的制裁。

　　一个人的小小举动，代表的可能是一个群体的形象，一个企业的形象。员工们的善举体现在工作、生活的方方面面，用行动诠释了什么是爱心，什么是勇气，什么是社会责任感。种种事迹值得我们称赞，也值得我们学习，更值得我们将其融入企业文化当中，化作无穷动力，薪火相传。

5. 既要有温度，又要有灵活度

蓝海是一个有温度的企业！

这不是管理者给蓝海集团贴上的标签，而是每一位蓝海员工的共同心声。

有温度的企业，才能让员工产生幸福感和归宿感，才能让企业产生向心力和凝聚力。

除了温度，还要有灵活度——温度可以赋予企业蓬勃生机，而灵活度能够让企业运转得更加顺畅。

换位思考不如亲自体验

每个企业的管理政策、管理特点都不一样，但大多有一个共同点——关爱员工。优秀的管理者从来都不是高高在上、发号施令的冰冷机器，而是懂得换位思考、真正关爱员工、关心员工、有血有肉有灵魂的人。

当然，换位思考只是一种思维模式，只有深入实际现场去体验、去感受，才能将思考力变成行动力，真正地造福员工。

曾有一段时间，公司旗下的酒店要求服务员统一发型，而服装与发型都有固定的搭配模板。投票时，"蒜瓣发型"的呼声最高，但也有员工提出异议："看起来精致、优雅，很有淑女范，但编起来却不容易，我们每天必须早起床一个小时，有些人还编不好……"

我想了一下，服务员的工作本来就很累，每天都起早贪黑，如果因为做发型再早起一个小时，浪费了宝贵的休息时间，有的人做得手酸脖子疼，有的人则根本做不好，大家怎么能有好心情、好状态去工作？实在是得不偿失。

但最开始，我对那个漂亮的发型依然有些难以割舍，我想，真的有员工说的那么难编吗？空想不如行动，设想不如实践，我自己试着编了一下，确实比我想象的难多了，而且就算折腾了快一个小时，也没有达到我的预期效果。于是果断放弃这个方案。

最后，设计师又设计了一个相对简单、容易上手的发型，既显干练，也很好看。众望所归，大家投票一致通过，才有了现在这样的发型。

从军事化管理到"温馨宿舍"

蓝海成立之初，对员工的管理十分严格。

当时员工宿舍实行的是军事化管理，比如被子必须叠成豆腐块，四四方方；宿舍内必须保持简单、整洁，生活用品的摆放必须规整。可能我自己从小在部队长大吧，受到军人父亲的熏陶，所以早就对这种生活方式习以为常了，并没有觉得对员工实行军事化管理有何不妥之处。

直到有一天，一位员工给我发来一张照片，让我的想法发生了改变。

照片上是几位午休的员工，她们并没有躺在床上睡觉，而是坐在板凳上，趴在床沿边睡觉。

我亲自来到员工宿舍，问："为什么有床不睡，非要趴着呢？"

几位员工支支吾吾，半天没敢说什么，在我再三追问下，才有一位站出来说出了实情。她微微低着头，有些犹豫地说："书记，你不知道星期五要联查吗？为了不扣分，我们都不敢把床铺弄乱了。"

我皱着眉头，走到员工的床前，看着床上叠得整整齐齐的被子，发现被子上还喷过水,这样才能更好地捏出一个边角,让叠好的被子看起来更方。

那一刻,我的心里有说不出的难受。被子打湿了,晚上盖在身上肯定也是潮湿的,员工的身体受得了吗?

我立刻打电话给各个酒店的负责人,把他们全部叫到了现场。我指着员工床铺边的板凳,对几位负责人说:"来,你们试一下,坐在板凳上,趴在床沿上睡觉,看看是什么感觉?"

最后,蓝海还为此事专门开了一个会议,经过大家商议,将军事化管理的宿舍改成了"温馨宿舍"。员工可以在宿舍里摆放自己的生活用品,或者一些小装饰,只要保持整洁,不脏乱就行。

从前,员工走进宿舍会感到空荡荡、冷冰冰,不过是从一个工作场所走到了另一个工作场所,有枯燥感,也有压抑感,现在管理方式一改变,宿舍立刻变得温馨起来,变成了真正属于员工的一方小天地,她们的心情也变得愉悦、放松了,更有利于她们在休息过后精神饱满、体力充沛地去迎接每天的工作。

在企业管理中,很多问题都如同潜藏在水下的冰山一般,不在其位不谋其事,管理者所能看到的往往只是现实的冰山一角;想要真正了解事情真相、走进员工内心,就需要管理者亲自去发现、去感受、去解决。

　　万丈高楼平地起，每一位员工都是企业的基石，企业能不能发展壮大，与根基是否稳固有着直接的关系。所谓关爱员工，并不是一句空口白话，如果每天只是坐在办公室里吹空调、看文件、打电话，管理者根本发现不了基层存在的各种问题，更谈不上解决问题，甚至还会产生新的问题。

　　以人为本，永远是企业基业长青的不二法则。管理者既需要真正站在员工的立场上去思考，更需要深入实际去体验员工的生活，这才是真正有温度和灵活度的企业。

6. 把握尺度，犹如种植的艺术

管理中最重要的事情，便是把握好尺度，不能过于严厉，也不能过于放纵。

每个企业都有自己的规章制度，遵守规定是最基本的原则。但规定是死的，人是活的。如果过于严厉，只按规定办事，而不因地制宜、因材施教，管理便会缺少人情味，无益于企业凝聚力的塑造；如果过于放纵，员工就会精神散漫、执行力不足，甚至导致局面失控。

管理与种植的艺术

一年春天，家中请来一位园艺师傅，准备给小院里种上花草。

我喜欢满园花香，便对园艺师傅说："尽量多种一些品种，越多越好。"

园艺师傅说："花草不能种得太密集，应该给它们足够多的生长空间，否则它们会相互影响，反而开不出美丽的花朵。"

我那时并未接受他的意见，总觉得这花凋零、那花绽放，生机此起彼伏，天天有花可赏，才是极好的，所以坚持密植。

夏季一到，园中的花花草草果然开启了疯长模式。起初看到它们时，我的心情特别舒畅，可当它们彼此的间隔越来越小，枝条相互穿插交错，变得杂乱无章时，我才明白园艺师傅的话有多专业。

无论种植花草，还是种植庄稼，都必须把握好尺度。只有让苗木保持一定的间隔，才能充分享受到阳光和雨水。如果一味贪多，选择密植，往往适得其反。

管理同样需要把握尺度，有严也有宽，犹如种植的艺术，这也是舍与得的辩证法。

距离与威严感的关系

有人说：蓝海就像一艘巨大的游轮，承载着万名员工的梦想，张总是船长，为大家制定航向，保驾护航；安总是副船长，弥补了其他不足。二人合作，乘风破浪，勇往直前。

在管理上，张总偏严格一些，我偏亲和一些，但也不绝对。张总惯于严于待人，但也有态度温和的时候；我慈眉善目、笑脸迎人、态度谦和，但也不是没有威严感。要问员工怕不怕我，他们肯定也会说怕。这种怕，不是心理上的惧怕，而是一种发自内心的敬重。

很多人一定还记得那个为我唱《爱江山更爱美人》的男孩王亚洲。他唱歌的视频在抖音上火了之后，名气也越来越大。

第二次见面时，我问他："你还记得我吗？"

他咧嘴笑道："哟，这不是安英英吗？"他这样称呼我，我笑了，大家也笑了。年底，他还在我直播间里推荐蓝海产品，他的专业讲解以及与我风趣的对话赢得了粉丝的喜爱。

这样的关系很融洽，因为我是党委书记，他是一线员工，我们之间的层级关系距离较大，所以在他那里，我显得更有亲和力，没有太强的威严感。他甚至会和我开玩笑，就像相处多年的老朋友一样。

我觉得小伙子唱歌好听，能说会道，于是将他调到了菜品研究所。对年轻的厨师来说，可以在菜品研究所跟大师一起学习，机会真的很难得。另外，菜品研究所离我们电商卖货的地方很近，我想让他帮忙在直播间里卖货。

当好物推荐官卖我们的产品时，我便将他叫进了直播间。没想到，他就像变了一个人似的，看到我就紧张得不行，说话的时候哆哆嗦嗦，再也没有以前那种自然流畅的感觉。

粉丝们都在直播间里问："亚洲怎么了？"直播结束后，我也问他："你怎么啦？"

他支支吾吾地说出缘由。

原来，自从调到菜品研究所以后，他就和自己敬重的大师大厨一起工作，本身就有约束感，看到他们对我敬畏有加，才知道自己有多幼稚。我经常会去尝一尝新的菜品，给出意见。由于和王亚洲比较熟悉，所以我特别关注他做出的菜品，这让他感觉压力巨大。每次见到我，他都会紧张到汗毛竖起来。

我听完后问他："我有那么可怕吗？"

他说："以前在一线工作，觉得安总很亲和，现在离安总近了，反而会有些害怕。有时候远远地听到高跟鞋的声音，知道您要来了，就特别紧张……所以，我想调回去。"

我想了一下，理解了他的心思。于是我跟人力资源说："把小王调回去，还是原来的酒店，职位要高一些。"

这件事让我对自己的威严感有了新的解读。其实它和层级有关——越往上，威严感越强；越往下，威严感越弱，它会随层递减。比如我去普通员工那里，总是笑脸相迎，说话客客气气；面对我的直接下属，则要严厉很多。

在说话办事时，我们既要端正态度，也要衡量尺度。虽然大家都觉得我亲和力很强，但我经常会说，我这个人的性格并不属于温柔似水的类型，在某些方面，我仍旧要求严格。我可以对你笑，可以态度亲和，但不会放弃原则；员工犯了错，我可以耐心安抚，化解他们的心结，但不会姑息纵容。因为蓝海不是我一个人的蓝海，而是大家的蓝海，我必须站在更高的地方，顾及整体利益，在大是大非面前，必须立场坚定。

合理把控是管理的最高境界。这种有宽有严、有松有紧的管理模式，才能让员工保持最好的工作状态。

7."蓝海不倒，我们不跑"

家，是每个人的心灵归宿，是一切努力和一切奋斗的根源。在经历过风风雨雨之后，家可以帮助我们卸去一身的疲惫，成为温馨的港湾；在遭遇挫折和困难时，家是最坚实的后盾，提供信赖和依靠。

有了家，才有温暖和欢笑；有了家，才能感到踏实与心安。

国家是家，企业是家，自己的小家也是家。国家强大了，人民才有尊严，才能过上好日子；企业壮大了，员工才有发展前景，才有收入保障；自己的小家和睦了，才有欢声笑语，才能幸福安康。

"家文化"不只是一句口号

在蓝海，"家文化"并不只是一句口号，而是员工们都能深度感知的共识。我经常会对员工说："公司没有打工人，大家都是公司大家庭中的一员，都是主人翁。"

现在的服务行业并不好做，从业人员流失非常大。当你问一位老员工："你爱蓝海吗？"他肯定会说爱，因为他对公司有归属感，早已把蓝海当成了自己的"家"，把根扎在公司大家庭的土壤中。如果你问年轻员工同样的问题，他的答案也许就没那么肯定了，因为爱需要时间的历练和沉淀，除非在蓝海待上三五年，否则很难生出这般坚定的感情。

为了解决人员流失过快的问题，公司创办了自己的职业院校。毕业生可以在蓝海实习，为公司输入源源不断的新鲜血液。但这并不是我们的目的，而是一个过程——让年轻人认识蓝海、接纳蓝海、扎根蓝海的过程，也是企业和员工相互选择、相互信任的过程。

如果实习生进入公司工作只是为了打个卡、走个过场，最后匆匆离去，我们也满怀祝愿，希望他们找到更好的平台；如果实习生愿意留在蓝海，我们就会为他们提供一个展示才华的舞台，为他们解决一切后顾之忧，就像爱自己的家人一样关爱员工。

这便是公司的"家文化"。我们更乐意将其解读成一种承诺、一种行动、一种传承。

老员工的归属感

在公司，哪怕是最基层、最普通的员工，都可以打通我的电话。

自从 2003 年开通这个手机号码之后，我便将其公示给所有员工，就是为了走近员工，了解员工的真实生活，倾听员工的心声，只要他们有解决不了的问题，都可以向我寻求支持和帮助。

记得有一次，我外出吃饭没有带手机，回家后看到手机上有一个陌生号码来电，我匆匆回过去，轻声问对方："请问你是谁？"

电话那头传来一个男人沙哑的声音："我是徐师傅啊……"说着说着，他便哭了起来。

听见一个男人哭得稀里哗啦，我想肯定是发生了大事，于是耐心听他把话说完。原来老徐查出了癌症，现在都还没有去医院进行治疗，不知道自己该何去何从。我安慰他："你先别着急，明天我就去你家，帮你解决难题。"

第二天一大早，我便带着相关人员去了他家里，七尺男儿又一次哭成了泪人，我也为之动容，几度哽咽。

随后，我们联系了济南那边的相关人员，把他送进了济南最好的医院，找最好的大夫给他治疗。他躺在病床上时，眼泪依然难以自控，说了许多感激涕零的话，我宽慰他："你能在最困难的时候想到蓝海，我们很珍视这份家人般的信任，不会让你失望。"

类似的故事还有很多，每每回忆起来，我的内心都不禁感慨万千：公司不是某一个人的公司，而是大家的公司，只要我们能够齐心协力，心往一处想，劲儿往一处使，用自己的绵薄之力去化解别人的燃眉之急，就没有逾越不了的障碍，也没有解决不了的困难。

我始终坚信，当每个员工都越来越好时，蓝海才能越来越好。

"蓝海不倒，我们不跑"

在我看来，管理者对员工的态度，能够很好地体现出企业的社会责任感和人文价值。张总也说过："蓝海是个大家庭，我们让员工把企业当成自己的家，那么我们首先得把员工当成家庭成员。"

有温度、有向心力和凝聚力的企业如同一个大家庭，管理者就像家长一样关爱员工，为员工创造收效、提供发展的平台；员工与员工之间就像兄弟姐妹一样，互帮互助，合作共赢。如果家长只知道赚钱，而不知道关爱孩子，这样的家庭会和谐幸福吗？

反过来说，员工对于企业的态度，不仅能反映出员工的忠诚度，还能彰显其格局的大小。眼中有没有公司，心中爱不爱公司，其实不必多言，时间是最好的证明。

很多老员工都说过这样一句话："蓝海不倒，我们不跑。"这是一种信任，更是一种信念。

在员工有难时，他们相信公司，求援之声与施救之手，同样难能可贵；在公司有难时，我们也信任员工，那些不离不弃、共赴时艰的故事隽永流传，忆苦思甜时，总能让人热泪盈眶。时过境迁，人心未变，我们珍惜当下来之不易的成功，更珍视那些共同奋斗的峥嵘岁月。

很多人在谈及企业文化时，都会将焦点放在企业家身上。不管是创业初期，还是企业成长期与平稳发展期，企业家的精神力、感染力、号召力，确实毋庸置疑，但企业是一个不可分割的整体，企业的发展离不开企业家、管理者和员工的共同努力。只有大家发自内心地把蓝海当成自己的家，才能让蔚蔚蓝海，生生不息。

第四章

生生不息创业路

我们一路乘风破浪，一路披荆斩棘，终会换来晴空万里，繁花相送。

1. 蓝海领路人的精神

刚来西城宾馆的时候，我还一直抱着"我就是临时过来帮个忙，大不了再回去教书"的念头，可是我的想法被堵死了，只能留下来好好干，然后一干就干了将近 30 年。

从一开始的咬牙坚持、不服输、不想被人看低，到后来逐渐体会到工作的乐趣，眼看着一家家酒店开起来，人员多起来，营业额不断增长，成就感也与日俱增。

之所以能坚持下来，我认为张总对我的影响很大。

不画大饼

张总从当负责人的那天起，只有一个目标，就是把宾馆做好。他曾说："这里将是一个起点，未来它会是一家企业。"虽然我很钦佩他的雄心壮志，但当时我和大多数人一样，认为他作为领导者，说的话都是"画饼"，很是不以为然。再加上环保局刚组建的时候，我有个机会可以调任这个新兴岗位，当时我也心动了，想尝试一下，结果平时不怎么说话的张总用特别诚恳、正式，以及带有激情的演讲语气，与我进行了长达一个小时的谈话，最终我认同了他的观点，留了下来。

随着时间推移，我发现张总之前画的"饼"全都实现了，甚至还超过了他最初画的"饼"，于是我越来越相信他是一个有抱负、有能力、有魄力的实业家，我愿意与他同舟共济，做出一番事业。

深谋远虑

早在 1998 年，张总就提出了打造专业团队，学习先进管理理念，必须"走出去、请进来"的想法。要想走在同行业前端，就必须有前瞻性，于是我就有幸成为首批外出参加培训的管理人员。

包括做抖音这件事，最初也是张总提出来的。那时抖音刚刚兴起不久，张总南下去了趟深圳，回来之后就非常严肃地跟我说，抖音可以做一做。当时深圳那边有不少企业已经在做自己的抖音号了，他觉得我们也可以尝试一下。于是我就从不知抖音为何物开始，做到现在拥有了 1200 多万粉丝的程度。

坚持原则

张总更是个有原则、有想法且会将想法贯彻到底的人。

1999 年，为了让企业更好地运转并走上科学规范之路，我们率先进行了 ISO9002 质量体系认证。这是一个艰苦的过程，培训老师来讲解的时候，我们都觉得听起来像天书一样难，可张总坚决要求哪怕是死背硬学也要搞明白，还按要求制定出相关标准，这便是我们最早的《作业指导书》。

整整一年时间，每个一、三、五我都会带业务、餐饮、客房讨论，每个二、四、六张总带厨房、后勤做研究，几乎每天都到 12 点，一遍遍修改，一次次重来，仗着那时候年轻身体好，能熬夜打硬仗，我们总结出厚厚的程序文件和作业规范，可谓呕心沥血。

可能是那段时间太辛苦了，我的眼睛突然感到不适，去医院检查竟然发现左眼黄斑区出血了，住了十天院都没有痊愈。医生建议我要静养，但是当时的工作不允许我停下来，所以只能咬牙坚持，直到现在看东西久了视力还会模糊。

一心扑在事业上

与我的眼疾相比，当年张总的一次住院差点吓坏了所有人。一向身体健康的张总突然患病，迅速住院进行手术，引发众人猜测，甚至惊动了市领导。表面上我平静如常，处理着日常的工作，可是内心却焦灼、恐惧得很，说实话，真有种天要塌下来的感觉。

张总手术时我在办公室里看书，尽量不想这件事，可是四个小时过去了，书没有翻过一页。得知手术成功后，我第一时间赶到医院去探望张总，看到病床上的他，我未语泪先流。结果张总还打趣地对我说："吓着你了吧？放心，我就是个受累的命，工作的重担还得由我挑，你先辛苦几天，我很快就回去上班了。"简单的几句话，打消了我的疑虑，坚定了我的信念。

当时有位员工去某部门核账，有一位负责人问："听说你们张总病得挺严重的，真的吗？"员工回答："没有的事，小毛病。"该负责人却神秘兮兮地说："你们都不知道吧，可能很危险了……"这个员工听了情绪激动，对他说要去领导那儿告他胡说八道，吓得那个负责人赶紧赔礼道歉。后来这个员工哭着跑回宾馆找到我，跟我说了这件事，我将她搂过来，给了她一个轻轻的拥抱，说："没事，放心吧！"

在给员工吃"定心丸"的同时，我也给自己吃了个"定心丸"，张总住院的这些日子，我有责任管理好我们的企业。

出院后，张总迅速回到工作岗位和工作状态之中，但每天还要坚持恢复治疗。他去医院灌药回来时会关上办公室的大门许久，灌药是在不能打麻药的情况下进行的，轻则痛得满头大汗，重则连嘴唇都咬破了。我很佩服他的坚强和忍耐，想尽可能多地帮他承担一些工作，但他却说，工作才是减轻痛苦的最佳方式，因为忙碌会转移注意力，工作取得成效时身心也是愉悦的。

经过长达两年的康复治疗，张总在繁忙工作之余积极锻炼身体，每周风雨无阻地打篮球，彻底痊愈了，连他的主治医生都十分惊讶，说没见过如此坚毅的人。

张总就是这样一个人，不畏艰难，不惧险阻，一心把公司做大做强，让更多的人享受到公司的服务，让公司的员工能够实现自己的人生理想。我非常有幸能在创业路上遇到像张总一样的领路人，带领我们披荆斩棘，勇往直前。

2. 人人都是蓝海开荒者

"我的脚及身体几乎不属于我了，真的，我好疲惫，然而我的心情毕竟太好了，宾馆历时几个月终于开业了，虽然仓促，但它的确开始了美好的明天，我的信心真的很足。"

"昨天晚上，我由于疲劳而坐在凳子上睡着了，结果连裤脚被电炉子烤着了都不知道……一夜不睡对我来说真是一种'酷刑'，困点倒不怕，听说睡眠不足会加速衰老，这可不行，我已快 30 岁了，得注意保养了！"

这是我在 1994 年 12 月 26 日写下的一篇日记的片段，那时的我多么年轻，还没到 30 岁，那时的蓝海初具雏形，还只是一家名为西城宾馆的地方。

27 年的时光就这样过去了。如今翻开当年的日记，依然热血沸腾，当时的画面历历在目，当时一起奋斗的人们跃然眼前。

从一名教师转行进入酒店行业，最初我还不太适应，甚至包括老妈都不敢相信，她的女儿可以去做"服务员"，跟她解释了多次，她才勉强相信，但还是担心我做不长。

不光老妈，甚至张总，他也曾怀疑我只是拿蓝海当个跳板，他觉得我看上去就很个性，无法坚持做下去。面对新的环境，最初我对自己也没什么信心，但我这个人不服输啊！既然选择了这个行业，如果不做出一点成绩，也对不起自己的付出不是吗？

在蓝海，我经历了无数次"开荒"。

西城宾馆开荒时正值寒冬腊月，楼里没有热水，也没有暖气，几乎所有员工的手脚都冻肿了，像熊掌一样，正常的鞋都穿不上，只能穿大头靴。条件的恶劣抵挡不住员工们热情高涨的情绪，所有人像上满了发条一般连轴转，不分昼夜，更不考虑是上班还是加班，只要睁着眼睛就在翻土、割草、清理卫生。这种拼搏和奉献的精神一直传承到现在，刻在每个蓝海人的骨子里，流淌在每个蓝海人的血液中。

我还记得，蓝海旗舰店——东营蓝海御华大饭店开业前夕，进行了一场"开荒突击战"。第一次参与开荒的员工在面对杂乱不堪的工地时，几乎都不可置信地问："天哪，这能准时开业吗？"有经验的同事充满自信地告诉他们："在蓝海这不是奇迹。"

没错，这不是个例。东城蓝大开业前小雨霏霏，满地泥泞，糟乱的场面令人担忧，第二天却焕然一新正常营业；还有临沂兰山店，开业前日从东营各实体店抽调人员帮忙，经过8个多小时跋涉大家终于赶赴酒店，在简短的动员后，所有人便展开了昼夜无眠的突击工作。

我曾亲眼看到一个员工坐着睡着了，手却没停，拿着抹布还在擦着桌子；会议室的地毯上横七竖八地躺满了人，小睡一会儿，大家又重新投入了工作。

很多媒体记者都被《开荒片》和《兄弟实体开业祝福片》里的真实场景深深震撼，有些记者眼眶都湿润了，说："虽然难以置信，可我真的信服了，蓝海速度名不虚传！"

在开荒的土地上，帽子和口罩是所有开荒者的"标配"，根本分不清男女，分不清年纪，所有人都专心致志地埋首工作，就是为了能让蓝海的各个酒店、实体顺利开业。

我曾经写过一首诗《永远在路上》，有一段是这样的：

感谢蓝海的创业者

在那最艰苦的时刻

用行动诠释坚强如钢

没有热水没有暖气

有的是溢漾心中的能量

今天的我们有理由骄傲

那面旗帜上最早印记着我们的沧桑

我们披荆斩棘走在路上

我想说，蓝海的开荒者、创业者并不是一两个领导者，而是千千万万个为蓝海付出心血和热情的蓝海人。

3. 创业故事：笑中带泪

创业阶段往往是最艰难的阶段，每一个创业人都能讲上一段辛酸的创业史。

初来蓝海之时，我的女儿只有 4 岁，每天工作到半夜 12 点已是常态，女儿只好被我送到我妈那里照顾。

挤掉的"戴安娜"皮鞋

那时候我住的地方离公交站和宾馆都非常远，也没有出租车，每天必须走五里路到公共汽车站，下车之后再走三里路才到宾馆；不仅如此，我还是从公交车的始发站坐到终点站，车里总是人满为患，上车下车都靠挤，有好几次我好不容易挤上来，在半路又被别人挤下去，真是欲哭无泪。就算是幸运地没被挤下来，站在中间的我经常处于双脚离地的状态，根本不用扶任何地方。

有一次到了终点站，所有人都走光了，我却返回车里从头走到尾。

司机师傅问："你怎么又回来了？"

我说："我的鞋丢了，我得找鞋，新买的戴安娜皮鞋。"

最后我从一个角落里找到了早已被踩扁的皮鞋，那叫一个心疼，下车之后就拿着鞋坐在石凳上哭。我心想，我哪里受过这种罪啊，到底图啥呢？过去跟着爸妈坐吉普车出行，当了老师之后，学校和家的距离只有百步之遥，每天溜达着上下班，而且我还是特级教师，工资也不低，每年还有寒暑假两个假期，现在却搞得自己这么狼狈。

可是哭归哭，想想还有那么多工作等着我，那么多人等着我，我不能掉队啊！于是抹抹眼泪，提着鞋光着脚走到宾馆，该做什么做什么。

住进传菜间

后来张总得知了我的窘况，他马上为我安排了一间小屋，如果太晚了我就在那里凑合一宿。说是小屋，其实就是餐厅旁边的一个传菜间，每次都能听到饭菜顺着传菜电梯上上下下的声音。屋子很小，只能摆下一个小沙发和一张办公桌，我就在那里办公和住宿，困了就窝在沙发上睡。那时候还没有通暖气，屋子里冷得跟冰窖一样，我只能盖四床被子抱着暖水袋。

这种日子大概过了 4 个多月，中途好几次我都快坚持不下去了，我就想回到学校重新当老师。可是学校告诉我，你走了之后我们就补岗了，已经没你的岗位了，我只能又回到小屋里。

我还记得那间屋子的房号是 203，多年之后，有个叫毛不易的歌手唱了一首歌就叫《二零三》，歌词里讲的是一个漂泊的人和他租住的房子的故事。虽说我那个不是租住的房子，但我对那间屋子的感情可能和他对出租屋的感情是一样的，它承载了我在蓝海创业之初的记忆。

KTV 里打地铺

冬天的夜晚，北风呼啸，我在小屋子里听着外面的风声，想起整个餐厅上下两层楼外加大会议室几个房间，只有我一个人，害怕得不得了。实在没招了，我只好往学校打电话，拜托值班师傅叫我先生接电话，让他过来陪我。

那时候路上已经没有车了，他四处找人，给了人家一包烟，坐了一辆拉蛤蜊的车一路颠簸过来。那段时间对我来说实在太漫长了，等他出现的时候，我真是快哭出来了。

他一进屋也愣了，忍不住说："哎呀，你咋睡的？这怎么睡啊？"

我说："要不你睡沙发，我睡茶几上。"

我先生身高有一米八五，沙发太短了，腿都没有地方放，茶几就更小了，怎么躺都不舒服，两个人根本睡不着。

我说："要不咱俩别睡了，说说话吧。"

他却说："你以为咱俩还是谈恋爱呢，哪有那么多话可说。"

你看，他就是这种大直男，有时候说话让人生气，哭笑不得。

我突然想到隔壁的宴会厅宽敞，里面还有地毯，可以将就一晚，于是便用通匙打开门，我们两个就抱着被子过去躺在地毯上。

我问他："这里不错吧？"

他说："还真挺好。"

我说："都躺地上了还挺好，你还挺乐观。"有句话叫——幸福是比较出来的。

我俩就这么有说有笑的，结果声音就传出去了。因为这间屋子算是早期的宴会 KTV，那会儿叫卡拉 OK，房间里的机器造价比较贵，保安平时很注重这个房间，所以有时会过来巡视。

保安听到屋子里有人说话和笑的声音，立刻警觉起来，严厉地问："谁啊，谁在里面？"

我说："是我，安英。"

保安说："原来是安总啊，您怎么在那里面呢？"

我说："过来休息休息。"

保安又问："我怎么听见还有一个男的说话呢？"

我心说，这保安还挺负责，就是管得有点宽啊。只好硬着头皮说："没有没有，你听错了。"

保安让我注意安全，终于离开了，我俩长舒一口气，都快吓死了。

不过，有了先生的陪伴和支持，冬夜似乎也变得没那么漫长了，也让我有了坚持下去的动力。

尽量不喝水

正式开业之前，除了没有通暖气，厕所也没有通水，所以卫生间不能用，幸好宾馆旁边有个政府大楼，知道我们创业不容易，开放了洗手间给我们用。

但当时员工基本都住在六楼，就是个简易宿舍，类似大会议室一样的房间，最多能容下 36 个人。为了减少上厕所的次数，一到晚上，大家都尽量不吃不喝，免得跑上跑下耽误时间。

不仅如此，我也对员工们说，既然人家政府开门给咱们行方便，咱们也不能给别人添麻烦，不能丢自己人的脸。我们每天都会派人把政府大楼的洗手间收拾干净，所以人家看到我们的员工都会竖起大拇指，夸奖蓝海人的素质高。

也许这件事对我们来说只是举手之劳，但却给别人留下了良好的印象。

曾经的艰辛滋养了如今的生机勃勃。

4. 酒店业的服务真谛

作为服务行业，尤其是酒店业，每天迎来送往，要面对五湖四海的宾客，微笑服务是最基本的。随着服务品质不断提升，耐心倾听客户的需求，急人所急，想人所想，更成为行业标准。这些要求放到现在看不足为奇，但追溯创业之初，其实不少服务规范都是在不断地调整和试错中逐步完善的。

电梯守门人

犹记得 1995 年春天，天气依旧寒冷，西城宾馆刚刚开业，举步维艰，那时员工们经常早上拔杂草搞卫生，下午推煤渣垫花池，晚上学业务练技能，忙得连轴转，可一点也不觉得累，心中仿佛有一团火。大家眼看着营业额从四千元涨到五千元再到一万元，干劲更足了，没有经历过的人是体会不到这种喜悦的。

宾馆生意渐入正轨，可是新的问题也出现了：员工组织纪律性差，缺少职业规范。于是，我们出台了当时对员工的第一条规定：不准乘电梯。

当时条件有限，整个宾馆只有一部电梯，为了让来到宾馆的宾客有更好的体验，电梯是留给宾客乘坐的，员工只能走楼梯。这个规定看似简单，执行起来却很难。

有些从农村刚刚进入城市的员工从没坐过电梯，本身就好奇，再加上宿舍安排在五六层，工作一天还要爬楼回宿舍确实辛苦，特别是有几个体型较胖的厨师，每爬一层都要停下来喘口气，所以他们总是偷偷乘坐电梯以图方便。

为了根治这个问题，每晚十二点前我和张总在办公室忙工作的同时，也会注意听外面电梯到达的提示音，一旦有动静，我们两个便会不约而同地守在电梯口抓人，上来一个抓一个，抓一个处理一个，并在第二天予以通报批评。

最有意思的是有位胖大厨，体重差不多二百斤，有次他偷偷乘电梯上来，电梯门刚一打开，就看到了我和张总虎视眈眈的眼神，吓得他赶紧退了回去，重新坐回到一楼。过了好大一会儿，我和张总看到他气喘吁吁一刻不敢停歇地爬到六楼跟我们解释，可是上气不接下气，一句话也说不出来。看到他狼狈的样子，我真是忍俊不禁，威严的张总愣是绷住脸没有露出半点笑容，同时给了他一个特别的处罚：十分钟之内从六楼到一楼跑两个来回。胖大厨最后几乎累瘫在地上，真正长了记性，再也不偷偷乘坐电梯了。

坚守电梯口一个月后，员工乘坐电梯的现象消失了，紧接着，我们又推出了第二条规定：未请假者晚间不准外出。我们同样是天天查，时时管，慢慢地大家便自觉遵守了。

快递带来的启发

网购、收快递对现在的人来说早已习以为常，但有多少人曾注意过快递包裹上卖家的留言？我就通过两件不同的快递上的卖家留言，总结出了一些服务业可以借鉴的东西。

有一次我同时收到两份快递，但上面的内容却冷暖迥异，让人拆开时因为不同的话而有了不同的心情。

一份是这样写的：快递员大哥，这个是我很重要的客户，请给他 / 她一个微笑哦！

另一份是这样写的：收货时务必当面开箱验货，签收后发生的缺货和破损问题，本店概不负责，谢谢！

相信读完这两份快递声明的你和我的感触一样。第一份，即使快递大哥没有给我微笑，我在阅读的时候也仿佛看到了笑脸，自己也会跟着笑起来，就算货物有瑕疵也不会太较真儿，俗话说：抬手不打笑脸人。第二份，虽说最后用了"谢谢"两个字，但读起来总体感觉冷冰冰的，不近人情，谢得十分牵强，反倒有推卸责任之嫌。对比出来的结果，孰优孰劣，一目了然。

作为服务行业，没有人比我们更明白用心服务的重要性了。一个优秀的服务者不仅要懂得微笑，更要善于使用贴切自然的语言打动他人，拉近和宾客的距离，大家像家人一般相处，温馨舒爽。

在公司，二线绕着一线转，后勤服务前勤前；上级善待下属欢，一切皆为客户赞。

若一个管理者能把自己定位于服务角色，那么他得到的不仅是下属的认同，还有员工们发自内心的尊重，回报给管理者的是认真工作的态度，有效率地完成任务。

许多人总以"我脾气不好"为理由训斥他人，试问，再坏的脾气你敢对你的顶头上司发泄吗？说白了，不过是官大一级压死人，有些爱训斥下属的人，在上级面前就很怯懦，这是心态问题，要改正。

我并不是说，服务下属就是"好人主义"，宽容不等于放纵，关爱不等于溺爱。正确地指正下属的不足也是对员工负责，员工们心中都有杆秤，清楚你到底是真心批评，还是故意为难。

　　"服务"不应当只是服务员要做的事情，更是每一位领导者需要思考的问题，也应该成为当今社会应有的基础。以前我们常说"人人为我，我为人人"，其实说的就是政府服务于民众，领导服务于百姓，产品服务于客户，文明服务于人类。这就是服务的真谛，不仅适用于过去，也适用于现在乃至未来，以及各行各业。

5. "危" "机" 并存，一路繁花

创业之路没有一帆风顺的，危机存在于时时处处，对企业领导者来说，既要有风险意识，更要有应对方法，要能看到危机之中带来的机会，有能力、有信心带领员工走出阴霾，熬过来，挺过来，才会有更美好的明天。

从 1994 年创业之初，到而今 2022 年稳步发展，集团经历了几次危机和转型。

接管大厦

1997 年，香港回归祖国的那一年，全球华人举杯同庆，当时的西

城宾馆也成功跃上东营餐饮业的顶峰，生意兴隆火爆，天天宾客盈门，在小小的油城，西城宾馆一时间成为餐饮风向标。

2000 年，集团发展势头良好，成为东营最具影响力的龙头企业。当时隶属于劳动局三产的劳动大厦，由于管理团队并非专业人员，使得经营一直没有起色，于是劳动局决定由集团接管，接管大厦的过程可谓惊心动魄。

出让大厦之时，大厦员工都意识到曾经的"铁饭碗"不保了，一时难以接受，不知道自己该何去何从，相关供应商更是炸了锅一般，怕拿不到欠款就来找我们，问我们认不认，如果不认，他们就扬言把东西搬走抵债。

为了保护国家财产不受损失，我们紧急调集多名保安前去维持秩序。

那天上午九点，我们一进大门就看到整个院子都被大大小小的车占据了，货车、三轮车、手拉车，应有尽有。见我们来了，大厦供应商们蜂拥而上，吵吵嚷嚷乱作一团。我被围在中间，谁的话都听不清。

情急之下，我让人搬来一把椅子，张总站在椅子上，让大家安静下来。张总简洁地说明了情况，并掷地有声地承诺："我们以人格担保，你们的钱一分也不会少，只要你们手里有收据，就可以在蓝海置换，愿意和我们做生意的，可以延续，不愿意的，我们会分期付款。请相信蓝海是讲诚信的企业！"

张总的话让在场的人吃了颗"定心丸"，这时，大厦最大的债主则站在另一个凳子上回应："我是送煤的，这里欠我上百万，你们都赶不上我的多吧？我也给他们送货，我相信他们。咱们都回去整理一下欠条，明天来换收据，好不好？"听到他这么说，供应商们的情绪也逐渐平复下来，大家达成共识，相约离去。

外面刚处理妥当，大厦里的大会议室却嘈杂不堪，局里派来的人员正在与情绪激动的员工交涉，看来毫无效果。

我和张总走进会议室时，场面一片混乱，有吹口哨的，有敲桌子的，还有大声责问的。我俩淡定地坐下，什么都没说，我用犀利的眼神扫视全场，很快大家便安静下来。

短暂的尴尬之后，局里率先打破僵局，说了些场面话。张总则言简意赅地讲出了员工最为关心的几大问题和解决办法：进入蓝海就是蓝海的正式员工，工龄可以带进蓝海，待遇与蓝海现有员工同等，是走是留，自由选择。

说完后，张总和我起身离场，任由他们议论纷纷。后来，选择留下的员工当年年底便享受了年终福利待遇，从此开始了新的征程。

收购工作紧张有序，很快进入重新装修工程和投入开业前的冲刺阶段。报社的记者们一路跟随报道，他们为蓝海人在开荒期间忘我工作、无私奉献的精神感动，说这就是你们能够收购另一家酒店的原因。

"非典"之殇

2003 年，被称为"非典"的 SARS 病毒席卷全国，一时间，死亡这件事似乎离每个人都很近，人们足不出户，酒店业受到了极大的冲击。

在接到关闭令之后，据我所知，许多同行放假的放假，歇业的歇业，然而我们却没有闲着，反而利用这段时间开展了大练兵活动。

前几年生意兴隆，培训的工作却没有跟上，这回可以趁此时机系统地重来一遍，让员工们苦练技能，等待开门的那一天，用崭新的面貌迎接宾客。这可以说是我们的一次另辟蹊径，未雨绸缪。

起初，习惯了忙碌的员工终于可以休闲下来，大家还觉得挺惬意，但是时间久了，总是不能营业，所有的工作都在店内进行，每个人都有压力，也都清楚，没有营业就代表没有收入，无疑是坐吃山空。大家都焦急地盼望着"非典"赶快结束，面对现实，与公司同呼吸共命运成为大家的共识。

率先采取行动的是新悦，餐饮部的员工们自发地写了倡议书，倡议大家放弃领取工资，以支持酒店的日常开支及各项维护保养费用。员工们深明大义，知道这是大家生存的土壤，不能干涸，不能枯竭，只要坚持，困难总会过去。

看着倡议书上密密麻麻的名字，我百感交集，但是我们并未实施工资停发，而是从有限的资金里拨出钱款，按照普通员工领取 80%、管理人员领取 50% 的比例进行发放。没想到，很多员工还是放弃了领取工资，他们笑着说："给单位攒着吧，说不定到时成为一笔'巨款'呢，反正现在商场、小摊都关门了，有钱也花不出去，我们在酒店吃住也不用花钱。"员工们的乐观与质朴深深感染了我，面对灾难，大家都没有烦躁，静候时光。

阴霾终于散去，食客们蜂拥而至，公司各大酒店人满为患，其他餐饮场所也顾客盈门，但不同的是，他们的人手严重不足，许多放假回家的员工根本没能再回来，匆忙抓来的新手业务不熟练，直接影响了服务品质。我们公司人员充足，业务熟练，精神饱满，大家摩拳擦掌，笑迎八方宾客。在"清闲"了近两个月后，面对火爆的市场，员工们驾轻就熟，忙而不乱，既疲惫又开心。这就是我们的运筹帷幄，不打无准备之仗。

持续上涨的大好形势让我们生意兴隆，营业额突飞猛进，很快，员工未领的工资全额补齐，至今我还能记起大家喜笑颜开的模样。

这一年，公司还收购了东营区职业中专，蓝海济南钟鼎楼食府隆重开业，企业迈出了异地化发展战略的第一步。

管理者的姿态

最近的这次危机，就是新冠肺炎袭来的这段时间。但是有了2003年应对"非典"的经验，我们从管理层到普通员工，都没有慌了阵脚，很快便调整过来，做好防护工作的同时，将损失尽量降到最低。

不得不说，张总才是我们的定海神针，很多危机的化解都是他在我们看不到的地方，默默付出换来的。当公务接待、商务宴请和婚宴业务缩紧的时候，张总带领我们调整业务重心，迅速转型，提升管理和服务，进一步打造公司品牌。

我从张总身上学到了不少东西，也尽量用在我力所能及的地方。

有一次，一家媒体刊登了公司即将破产的报道，紧接着就有九家银行打来电话，问我们到底有没有这回事。我直接去了趟报社，见了报社的一把手，吃饭席间，我问他报道的内容到底是怎么回事。他跟我道歉，说是员工那边没有搞清楚就写了。我看到他抽烟，于是在他刚要抽新的一支烟时，主动拿起打火机为他点烟。他跟我说这可不行，我说你不是也给我敬酒了吗，我们礼尚往来。

后来，我们有个事业部总经理在一次发言中给大家讲了这件事，他说他当时在场，眼泪就要涌出来了，他说跟随书记这么多年，还是第一次看到我给别人点烟。

还有一次，我们的一个员工去参加了一场技能比赛，大家都给他加油助威，我当时对着评委们鞠了一躬，希望他们能给我的员工投一票，很多人都愣住了，没想到我能为了一名员工而鞠躬。

在大家看来，我从小就是一个喜欢仰着头、骄傲的人，自尊心极强，但是为了我的员工，我可以向别人鞠躬；为了企业的名誉，或者说在集体利益面前，我愿意为别人点烟，愿意放低自己的姿态。

任何一家企业都会有起伏期，谁也不可能永远一帆风顺，有牛市就会有熊市；在遭遇行业冲击时不气馁，携手共进，渡过难关，在兴旺发展之时也要保持清醒的头脑，努力加油再上新台阶。

蓝海是本土品牌，有自己的经营之道，与外资品牌最大的不同，是我们结合了中国的国情，开辟美食＋美居的新颖模式。让宾客在一家酒店里既住得舒服，又吃得愉快，满足客户所需，这就是蓝海最大的竞争力。

在蓝海人的共同努力下，再大的困难都可以化解，我们一路乘风破浪，一路披荆斩棘，终会换来晴空万里，繁花相送。

第五章

青春是一首未完的歌

容颜易逝，激情易褪，

愿我们的青春都能在时光的长河中永远葱茏。

1. 青春爱情故事

人生如诗，青春是热情直白的修辞；

人生如画，青春是色彩饱满的笔触；

人生如歌，青春是激昂动感的音符……

每个人都会怀念自己的青春岁月，我也不例外。只不过，我的青春岁月中，没有波澜起伏的冒险故事，也没有与父母对抗的离经叛道，一切都是那样平淡而真实。

席慕蓉说："青春是一本太仓促的书。"第一次读到这句话时，我正值青春年少；第一次读懂这句话时，我却已步入中年。这时光，真是经不起蹉跎，更经不起蓦然回首啊！

舞蹈老师的预言

我从四岁开始学习舞蹈，那时流行什么就学什么，比如民族舞、新疆舞、蒙古舞、芭蕾舞等。我每天都要刻苦练功，坚持了十几年，从撕心裂肺的疼痛，到轻轻松松地控腿，舞蹈不仅融入了我的身体，更融入了我的灵魂。

我到现在还记得，上完最后一堂舞蹈课后，舞蹈老师语重心长地对我说："上高中后，你就要住校了，如果你不准备继续练功，也不要戛然而止，要循序渐进，慢慢地递减，否则会迅速虚胖起来，像发面馒头一样……"我听完后并未太在意，心想："我从小瘦到大，哪里那么容易发胖呢？"

谁承想，舞蹈老师的预言成真了。上高中住校后没多久，我回家拿钱和饭票。一个月未见到我的妈妈，她居然不认识我了。她瞪大眼睛，张大嘴巴，半天才吐出一句话："你怎么胖成这个样子了？"我这才意识到，由于没有坚持跳舞，身材果然变成蒸馒头了。真是一白遮百丑，一胖毁所有啊！

还好那时我穿着旧军装上学，版型宽松，并不显胖。同学们每天起早贪黑地学习，大家更关心的是成绩的好坏，很少会对一个人的容貌、体型品头论足。

不过从那以后，我开始注重自己的体型，除了营养饮食，还会在课余时间坚持锻炼，这种习惯持续至今。

初恋这件小事

在少不更事的年纪里，爱情就像突然闯入青春时代的不速之客，不仅为生活带来前所未有的改变，也是人生必经的成长曲线。

我上学的时候，初中和高中分别只有两个学年，所以到了高中的时候，我的年纪还很小。虽说那时也是情窦初开的年纪，但我们那时的年轻人都相对单纯、保守、拘谨，男女生之间很少说话，比起四目相对、谈情说爱，大家更愿意看书、读书，和各种知识相伴，所以基本没有早恋的现象。

我的学生时代没有早恋的经历，初恋也是在毕业之后。

他是高我一级的校友，由一位熟识的阿姨介绍。母亲不太同意，跟我说："他家里的兄弟姐妹多，又是长子，你又那么娇气任性，怎么承担得起那份责任？"后来我才知道，他的母亲也没相中我。

天性浪漫的我曾幻想自己能像小说里写的那样，有一场一见钟情的邂逅，两个人也能像王子和公主一样过上幸福的生活，这种传统相亲对我来说毫无吸引力。但由于介绍人对他的才华称赞不已，我才答应见面认识一下。

我们约在介绍人家里见面。见面时，我躲在介绍人阿姨身后，羞怯不已，连他长什么样子都没有看清；尽管我们两家距离很近，当时也都放假在家，但我们也只是偶尔会通过小纸条传递一下对彼此的问候。

直到他离开家乡的前一天晚上，他约我去场部外的小树林走一走。两人见面，依旧是礼貌性地问好，之后聊的都是怎样努力学习，如何刻苦钻研，鼓励彼此要做有志青年这样的话题。大约一小时后，树林中吹来一阵寒风，我忍不住打了个寒战。

他问："你冷吗？"

我说："有一点……"

他说："那咱们回去吧！"

我说："好。"

没有想象中对方脱下外套给我披上的浪漫桥段，我的第一次所谓约会就这样结束、定格了。

往后一年间，我们保持着书信往来。那时通讯很不发达，半个月才能收到对方写的信，就像那句话说的那样：从前车马很慢，书信很远，一生只够爱一个人。

我们书信中的内容无非就是学习和工作。我记得稍有爱情色彩的一句话，是我在下连队参加劳动时，他写信来问："辛苦了，晒得黑不黑？"看到这句话，我特别激动，这就是那个年代少有的关切话语，现在回想起来，实在幼稚又好笑。

再后来，由于双方家长不认同，加之我们毕业后无法分配到一个地方，这份初恋便无疾而终了。

婚后的艰难岁月

结婚前，我一直生活在父母身边，家里的房子不小，住着也舒服。结婚时，单位给我分配了房子，虽然不是很大，但住着也很温馨。

没想到，结婚不久，由于工作调动，我来到先生所在的地方，结束了两地分居的状态，本以为马上就能开始新生活了，先生却告诉我："单位还没给我分房子，朋友有个小房子可以先借我们住。"我心想，房子再小也是房子，还能小成什么样？

当我第一次见到那间小房子时，我就愣住了。

所谓的房子，不过是一间小小的仓库，小到只能放下一张床、一张双人沙发和一台电视，厨房和厕所都是和别人共用。望着破烂的房顶和掉皮的墙面，我的内心瞬间崩塌了，欲哭无泪。

先生知道我没吃过什么苦，现在居然"沦落"至此，住进如此破败不堪的小房子，内心的落差肯定小不了。当时我弟弟也在那边工作，于是先生便找他来一起商量对策。弟弟直截了当地说："姐夫，就我姐那脾气，看到这样破烂的小房子，没扔东西走人已经不错了。"先生面露难色："我也知道，这次委屈你姐了。"

在两个大"直男"的商议下，小房子焕然一新：屋子里被收拾得干干净净，沙发上还精心地摆放着一束干花，尤其是墙壁，也不知道从哪里找来了一些蓝色花纹布，像壁纸一样把墙全部包了起来。

虽然整体风格看上去有点土，但总算温馨，我忍不住"扑哧"一笑，先生悬着的心也终于放了下来，说："我们再坚持一段时间，等单位分了房子，我们就搬出去。"

屋漏偏逢连夜雨。好不容易有了家，却猝不及防地赶上了一场大雨。雨水顺着墙壁流下来，帘子后面的墙皮都掉了下来，一晚上都没怎么睡觉，光四处找锅碗瓢盆接水了。

次日打开房门，屋外一片泥泞，根本走不了路。先生找来几块砖头垫在积水上，我们就踮着脚，踩在砖头上进进出出。

我们在这所小房子住了将近两年的时间，直到分了新房搬了新家。在离开的那一刻，我还有一些不舍——这间破旧的小房子，见证了我和先生的婚后生活，无论如何，也给我们提供了一方片瓦遮头的小天地。后来，我们通过自己的努力住上了更大的房子，但是这间小房子，永远留在我的记忆深处。

每个年代都有属于那个年代的爱情故事，每个年代的年轻人也都有自己的青春奋斗史。我们都希望自己可以永远保持年轻的状态，只是时光不会倒流，只会催促我们不断长大、变老。

容颜易逝，激情易褪，或许永远不会改变的，只有顺势而为的心态。愿我们的青春都能在时光的长河中永远葱茏。

2. "护犊子"的安老师

我儿时的梦想是成为一名舞者，希望能站在舞台上翩翩起舞，虽然未能达成夙愿，但命运给了我另一个舞台——成为一名老师，站在讲台上面对一双双渴望求知的眼睛。

1984 年，正值教育改革的特殊时期，为了拓展新的教育理念，我的恩师找到他曾经教过的一些学生，希望大家可以为学校注入一些新鲜的活力，成为他改变教育格局的力量。

初出茅庐的我，正是恩师中意的学生之一，虽然我没什么经验，但是恩师对我说："以我对你的了解，你能带好他们，因为你是我的学生。"恩师的话让我心潮澎湃，也让我身上承载了巨大责任。我告诉自己：一定要为恩师争气，一定要成为一名好老师！

绝不拖堂

我当老师做的第一件事，就是给自己定了一个目标：要成为一位受学生们欢迎的好老师。因此我决定，以前自己学生时期最不喜欢老师做的事情，我一个也不要做，比如拖堂。

在我上中学那会儿，每天上午四节课，下午三节课，早上有早读，晚上有晚自习；每堂课 45 分钟，课间休息 10 分钟，偶尔赶上拖堂，连上厕所的时间都没有。何况我那时就读的学校条件相对艰苦，教室和厕所的距离很远，每次去还要排队。因此下课铃一响，不少同学都以百米冲刺的速度往厕所跑，回来时早已上气不接下气。

有一次老师拖堂了十多分钟，第二堂课的铃声都响了，他还没有下课，准备上课的老师拿着粉笔盒和课本，站在门口等着他讲完。结果，这堂课也拖堂了，中间没有任何休息，和第三堂课无缝衔接，学生们疲惫不堪，也不敢举手上厕所。

在我看来，拖堂的意义其实并不大，因为下课铃声响起后，学生的思绪早就飞走了。本就属于学生的休息时间，如果非要继续动脑思考，效果也不见得好。

于是，不拖堂成为我对学生的承诺。在我当老师的十年间，我一直遵守着这个承诺，哪怕知识点没有讲完，也不会占用学生休息的时间。也许因为这一点，我受到了学生们的欢迎和喜爱。

没有距离感的师生关系

除了不拖堂，我心中完美老师的形象还有平和、亲切、没有距离感。

在我读书的时代，作为学生，我们对老师是三分敬重七分怕，虽说谈不上怕，但始终会与老师保持距离感，不会向老师吐露心事。

当我成为老师后，我尽量消除彼此之间的距离感，保持和学生同频。毕竟当时我的年龄也不大，比学生们虚长几岁，所以我们也能像朋友一样愉快相处。

那时，学校每周五下午都要进行课外劳动，每个班级负责一块区域，老师带领学生除草、平地、整理操场。其他班级都是划分小组，让劳动委员、学习委员、班干部带着干，我的班却不一样，我直接将学生分组，然后带领大家一起比赛。学生们乐在其中，都比着干、赶着干、超着干，欢声笑语不断，没有一个学生喊苦喊累。

还有一次节假日，我专门组织学生去春游。在那个年代，能够带学生出去春游的老师真的不多。春游时，学生骑着自行车，男同学载着女同学，你带锅我带勺，一路上放声高歌，肆无忌惮地嬉戏玩闹，自由欢笑。在一片小树林里，我和学生用石块垒起灶台，去旁边的小河里抓鱼来煮，再放入带来的小青菜，别有一番野趣……不过，那天的风挺大，火苗点燃了旁边的干草，差点把小树林烧了。还好学生们发现得早，争先恐后去河里打水，又拿土覆盖，很快便把火扑灭了。

回到家里，得知此事的父亲狠狠地训了我一顿："如果树林真的点燃了，火势蔓延成火灾，你负得起这个责任吗？如果学生受伤，如果附近的居民受伤，怎么办？"

事后回想一下，我也觉得有些后悔。这件事给了我一个警示：要快乐、要放松，但安全不能松懈，要爱护好我的学生，更要保护好我的学生。

化身正义使者，帮学生讨回公道

感情的事，双向奔赴才有意义。当学生越来越信任我、越来越亲近我、越来越听我的话时，我对学生们的感情也越来越深厚，甚至把学生当成自己的家人，什么事情都要护着。

有一次上课，走进教室的时候，我没有听见班长喊起立，学生们都自己站了起来。我感觉很奇怪，径直走向班长，问他："你怎么了？"他的个头挺高，此时却低垂着脑袋，始终不说话。

我便走过去，用手托起他的下巴，一眼看到他的嘴角还有一丝血迹，眼睛都青肿了，心想他一定是和别人打架了，便问："是不是和谁打架了？"他不回答，脸上却很委屈。

一旁的学生说："班长没有打架，是高二的学生打了他！"

我追问："高二的学生为什么打他？"

学生回答："高二的学生说，你小子走路晃什么晃，挺了不起啊？然后就打他……"

我顿时火冒三丈，连忙询问："那个人是高二几班的？班主任是谁？"

得知详情后，我立刻扔下课本，直奔政治教研室找到班主任。我气冲冲走到他前面，重重地拍了一下桌子，质问道："你们高二的学生怎么可以欺负我们初二的学生呢？这不是以大欺小吗？说我们班长走路不好看，就要动手打，那你给我走一个看看？你这个班主任老师怎么当的？"

高二班主任问清缘由后，立刻向我们道歉："这确实是他不对，怎么可以随便打低年级的学生呢！等会儿下课，我一定把他叫来办公室，好好教育一番！"

我不依不饶地说："不行，我的课都不上了，他还上课？！你现在就把他叫过来！"

他有些为难地说："现在别的老师正在上课，我们可以等下课再处理这件事吗？"

我的态度很坚决："不可以，你不去的话，我就自己找他了。"

高二班主任没办法，只能把那个打人的学生从课堂上叫到了教研室。我斥责那位学生："你看低年级的学生不顺眼，就动手打人家。我现在问你，如果他是高三的学生，你敢打吗？"我越说越生气，又对他的班主任说："怎么，还要我动手吗？"高二班主任只好拿起教杆，狠狠地抽了那个学生的手板。

教研室里的其他老师见此情景都目瞪口呆。或许在他们眼里，两位老师更像是两位家长，谁家的孩子被欺负了，便找到对方家长说理；谁家孩子做错了事，家长就要教训孩子。

在我们那个年代，老师打学生在很多人看来很正常，在我看来，打手板是可以接受的，但是要有个度，更不能打脸。

有一天晚自习，我看到班里有一位男生脸颊红肿，上前询问才知道，因为他回答不出问题，被语文老师打了耳光。

打人不打脸，这是对一个人最起码的尊重，更何况是一个未成年的孩子呢，我绝不能容忍这样的事情发生在自己班的学生身上。

于是，我拿起教杆，怒气冲冲地跑去找语文老师。当时他正在上课，见我一副凶神恶煞的样子，大概猜到了我要去找他"说理"，他二话没说，直接开溜。我从教室前门进去，他便从教室后门跑了。我一路追他到男厕所，他躲了进去，我就在外面守着，看他能在厕所里待多久，最后他不得不出来跟我的学生道歉。

经过这两件事情，全校师生都知道了我的"厉害"，领教了我"护犊子"的个性。其他老师也告诫自己班的学生："千万别欺负安老师班里的人。"

不过我并不是一味"护犊子"，在保护学生的同时，我也会告诉他们："你们同样不能以大欺小。你们现在是初二，如果你们敢欺负初一的学生，我一定加倍奉还——你们打别人一下，我就打你们十下！"

至此，各班级的关系逐渐和谐，也很少再发生校园欺凌的事件。

3. 忘不掉的"84班"

当老师的十年间，我教过无数学生，很多人的名字和样貌我已经记不清了，唯独"84班"的学生，我个个记忆犹新，因为我第一次当班主任就是在"84班"。

在接手"84班"之前，我就听说这个班级不好带，上一任班主任是个身高一米八的男老师，他都管不了这群学生，最后被气得离职了，我一个身材娇小的女子，怎么驾驭得了呢？

怀着一丝忐忑，我走进了"84班"的教室。

当班主任的第一天

开学第一天，经过漫长的暑假，同学们再次相聚，有说有笑，教室里吵吵嚷嚷。我径直走进教室，有几位同学转过头，好奇地看了我两眼，便又肆无忌惮地继续聊天。

也许是我身材娇小，长得也年轻的缘故吧，同学们把我当成了新转学过来的插班生，所以完全没把我放在眼里，他们并不知道站在他们面前的，就是他们的新班主任。

班干部走过来问我：“你是新来的吗？”

我点点头说：“是啊！”

他说：“你的个儿不高，你就坐前边去吧！”我对他露出友好的微笑，坐在了前排。

这时，坐在后面的几个学生讨论起来他们的新班主任，一个学生说：“你们都听说了吗？我们的新班主任是女的……”

另一位学生附和：“咱们必须给她一个下马威，让她知道咱们班不好带！”

说罢，他们便带上几个小跟班，开始布置“陷阱”。我就看着他们把教室的门半合上，在门上放一把扫帚，扫帚上再放一把土。

预备铃响了之后，大家都回到自己的座位上，满脸期待，等着新老师进门的那一刻，被门上的扫帚砸中，头上落满灰土。然而，预备铃响完了，新老师还没有出现，大家开始坐立不安，有的学生还站起来东张西望。

直到正式铃声响起后，我才从座位上站起来，慢悠悠地走上讲台。然后用一种坚定、不容置疑的声音告诉他们："同学们好，我是你们新来的班主任，我姓安。"至今我都还记得他们惊呆的样子，有的眼睛瞪得圆圆的，有的用手捂住了嘴巴。

我略带笑意，继续说："刚才有几位同学给老师准备了惊喜，老师也要礼尚往来，以其人之道，还治其人之身。"我叫几个捣蛋的同学站起来，让他们一个个去拉门。堆满灰土的扫帚一次次落下，又一次次被放上去，他们相互看着对方灰头土脸的模样，自己也觉得好笑。

惩罚完几位调皮的学生后，我在黑板上写下"人心换人心"五个大字，并在大字下写上我的名字。我说："这是我们第一天相处，用这样的方式认识，虽然有些特别，但我希望接下来的日子是愉快的。我愿意做你们的朋友，不仅仅是你们的班主任老师。请大家记住这几个字：人心换人心。尊重是相互的，理解是相互的，友好的师生关系也是相互的……"台下的学生听完开始鼓掌，那几位调皮的学生也欢呼起哄。

我知道，学生们从心底里认同我了。

都别抢我学生的课

那时候，当班主任需要身兼数职。我不仅是"84班"的班主任兼英语老师，还是另外两个班的英语老师。其他班主任也一样，至少要教三个班的课。

为了完成教学任务，很多老师都有抢课的习惯。比如学生最喜欢的音乐课和体育课，本来可以让他们好好放松一下，结果数理化的老师突然宣布，这节课改上自己的科目。特别是体育课，如果遇上下雨下雪，好几位老师还会争着抢课。

老师们抢课是为了学科，不是为了工资和奖金，校长也没有办法管。学生们对此苦不堪言，于是我放话出来："只要校长让我当这个班的班主任，任何科目的老师都不可以抢我学生的课！"此话传遍全校，其他老师也知趣，基本不会来抢课。

有一次上体育课，外面飘起了鹅毛大雪，操场上铺了厚厚的一层白雪。学生们眼看不能去操场上活动，只能失望地坐在教室里，望着窗外的大雪发呆。我兴高采烈地走进教室，问："你们怕冷吗？"

学生们心领神会地回答："不怕冷，不怕冷！"

我爽快地说："不怕冷，那我们去打雪仗吧！"

皑皑白雪中，我把学生们分成两个队，大家团起雪球开始打雪仗，欢声笑语回荡在整个校园。由于声音太大，引来校长出面制止，我才带着学生们回到了教室。

看着学生们掩饰不住的笑容，听着学生们极力压低的笑声，我知道，他们这次玩得很开心，也在沉重的学习压力中得到了暂时的放松。这样一想，哪怕被校长训了，也是值得的。

阳光里的那抹笑容

经过一学期相处，我与"84 班"的感情越来越深厚。临近期末，同学们纷纷送来明信片，上面写着他们的祝福。我看着一张张明信片上稚嫩的字迹，内心有说不出来的感动。

因为工作认真，管理有方，我很荣幸地被评为济南军区优秀教师。本来我的教学方式比较活泛自由，曾经得到此起彼伏的质疑声，但学生的成绩和学校的认可，成了我独特教学方式的最好证明。

考试结束后，其他班的学生们忙着收拾东西，准备回家，"84 班"的学生却围坐在教室里与我告别。大家有说有笑，回味着整个学期收获的快乐时光。

一位女同学说："安老师，你知道吗？我最喜欢上星期四下午的第二堂课！"

我问："为什么呀？"

她说："那节是安老师的英语课，在有阳光的下午，一抹阳光会透过窗户照在讲台上，而您就站在那抹阳光中，脸上挂着微笑，特别美！"

我被她夸得有些不好意思了，说："你是故意夸安老师吗？"

她摇摇头，连忙解释："不是我一个人这样认为，很多同学都观察到了，都说安老师站在阳光里的样子很好看。"

这番话让我心里美滋滋的。从那以后，每个星期四下午的第二堂课，只要有阳光从窗户照进来，我就会站在阳光里给学生讲课，那束光移动到哪里，我就站在哪里。

多年以后，"84班"一位学生给我发了条信息："安老师，我写了一篇文章名为《阳光里的那抹笑容》，写的就是您呢！"随后，他把文章转发给我，我看了几遍，写得非常好，又将它转发到了学生群里。

这些故事都被我写进了日记本中。

我从小学三年级开始写日记，直到工作了还保持着写日记的习惯。几十年下来，日记本有好大一箱。只可惜，一年春节，小侄儿放鞭炮，不小心点燃了存放日记的箱子，多年的心血付之一炬，每每想起，总有遗憾。

不过，这些故事都留在我的记忆中，永远不会损毁，历久弥新。

深情道别

转眼间，毕业季到了。"84班"的学生将从初中升到高中，虽然我们仍在同一所学校，但我不再是他们的班主任老师了。我万分不舍，不过更多的是欣慰与祝福。我很感谢这两年的相互陪伴，我们走过彼此的人生岁月，留下了那么多美好的回忆。我希望他们继续努力，扬帆启航，前程锦绣。

这是我第一次与学生"告别"，内心悲喜交加；学生亦是如此，一个个都红着眼眶，惜别之情不加掩饰。这一年的暑假特别漫长，也特别炎热，我的内心焦躁又空旷，宛如一片烈日灼烧下的沙漠。

在新学期开学的第二天，我带过的另一个班的一位女同学突然来到学校，她的眼睛直直地盯着我，一瞬间就溢出了泪花。她哭着说："安老师，我是来和您道别的，我要去外地上学了，以后再也见不到您了……"

我安抚道："别哭别哭，没事的，以后你可以回来，我也可以去看你啊！"

她哭得更厉害了，几步跑过来，抱了我一下，然后将一个小小的日记本塞到我手中。我低头看了看手中的日记本，心中五味杂陈。

后来别人告诉我，那位女同学的父亲也是一名军人，当时被部队紧急调到外地工作，临行前女儿和他说："我要和安老师道个别。"

　　爱女有加的父亲只好随了她的性子，从朋友那里借来一辆自行车给她用。就这样，她顶着炎炎夏日，骑行了大概十里地才赶到学校，匆匆见了我一面。

　　那时我并不知道，那次告别有多么来之不易，也不知道她的时间如此匆忙。如果早知道，我就能多抱她一会儿，多说几句话，多看她几眼。人生的种种遗憾，都是由各种"未可知"留下的。

　　那次告别之后，再无她的消息。现在回忆起来，我仍抱着幻想——如果某一天，她忽然出现在我的直播间，对我说一句"安老师，好久不见"，那该有多好啊！

　　如今，"84班"的学生早已毕业，各自踏上人生旅途，尽管每个人的境遇迥异，可那份师生情谊，那份同窗之情却延续至今，初心未改。

　　每年教师节、我的生日、各种节假日，我总能收到学生们送来的礼物，比如一些小特产、一张小卡片、一束鲜花等等，礼物虽小，情谊却弥足珍贵。

　　在同学会上，我与"84班"的学生们欢聚一堂，回忆曾经的校园时光，笑谈各自身上的糗事，畅聊现在的生活。我很感慨，也很欣慰。我衷心地希望，"84班"的同学能够永远团结在一起！

4. 珍惜每一次同学会

人到中年，容易怀旧。

学生时代那些纯真的人、纯真的事，时常出现在梦里，梦醒后，却恍若隔世。昨天还是青葱年少，今天却已双鬓斑白，无声的岁月是多么残酷啊！转眼之间，我们从豆蔻年华走向不惑之年，从校园走进职场，从爸妈的孩子变成了孩子的爸妈。

我们被生活催促着前行，经历过岁月的洗礼，经历过人生的起落，蓦然回首时才发现，最纯真的还是同学间的情谊。多少次甜甜的回忆中，我都幻想自己能重返青春年少的时代，再次重温少年不识愁滋味的时光。

在多年后的同学聚会上，我终于看到那一张张熟悉而又陌生的面孔，那种感觉就像翻开了时光相册，泛黄照片上斑驳而稚嫩的笑容，变得越来越清晰……

迟到的同学会

从济南军区军马场八一级毕业后，我和同学们都踏上了各自的人生旅途。由于工作繁忙的缘故，我几乎没参加过同学会。

每次听到身边的人说要去参加同学会时，我都心生羡慕，不禁回想起往昔岁月，也会问自己："这么多年，为何迟迟没有同学会呢？"细想一下，不外乎没人带头组织，毕业后大家又忙于各自的事业与家庭，当生活相对稳定的时候，又缺少了相聚的契机。

有同学问我："你为什么不主动请缨，组织一场同学会呢？"

毕业多年，其实我也想过组织同学会，但因为读书时，我只是班里的文艺委员，如果由我来组织，总感觉越俎代庖了。

另一个原因是，而今同学会被越来越多的人诟病。如果毕业不久，同学们聚在一起，大多回忆的是校园的青涩时光——当年暗恋的女同学是否嫁为人妻，当年的学习尖子如今在哪里工作，相互调侃却又真诚；毕业十年后的同学会，很多都变味了：时间让原有的感情变得淡薄，很多同学的生活也没有了交集，在这种情况下，攀比和炫耀之风盛行，同学会便失去了原有的意义。当我在事业上取得一些成就时，就更不敢主动组织同学会了，我害怕同学说我显摆，组织同学会是为了炫耀。

但我不组织，也会有人说："你是蓝海的党委书记，组织一下同学会不是很正常吗？蓝海那么多酒店，你也不请同学吃个饭，聚一聚……"

在两难的境地中犹豫了很久，我还是决定组织一场同学会。

三十年后，我们相聚一堂

毕业三十年后，我在蓝海旗下的一家酒店组织并参加了第一场同学聚会。

看到八一级那么多的同学到场，我心中的疑虑也烟消云散了。原来，大家和我一样，都有一种怀旧的情愫，都期望着能见老同学一面。

阔别三十年，很多同学从走出校门的那一刻就再也没有见过。如今一眼望见，却依然能叫出名字，每个人的兴奋和感动都溢于言表。一时间时光仿佛倒流，大家又回到了青春岁月。

饭厅里安排了一张大桌子，员工问我怎么安排同学入座。我说："按照山东人的规矩，我坐主陪的位置，我的右手边是主宾，左手边是副主宾，位置就按照他们身份证上的年龄月份安排吧！"同学们就以这样的方式入座，没有刻意区分。

我们之间也没有攀比和炫耀。同学们早就商量好，第一顿饭由我来请，接下来的聚会大家平分。大家都夸蓝海酒店真不错，饭菜可口，服务周到，饭后还有几位服务员引导着大家去爬山。有同学说："哎呀，我还是第一次住这么好的酒店，多亏了安英组织安排，还给我们算了友情价。"发出这番感慨，是因为大家觉得我给他们带来了优惠，而没有觉得我在显摆。

那次聚会算是圆满，同时也让我深深感受到，时光过滤掉世俗和利益，剩下的只有回忆和真情，无论大家身在何处，总有一种情感让彼此紧紧相连。

难忘的"35 年同学聚会"

这些年的同学会我都没有缺席过。每一次短暂的相聚，都能给我带来感动与慰藉。最让我难忘的是"35 年同学聚会"，或许是大家都很看中逢五、逢十的大日子，所以那次的同学会办得比较隆重。

在同学们的精心策划下，大屏幕上出现一张张泛黄的老照片。照片上有同学们青春年少的模样，有当年略显简陋的校园、教室，还有老师和学生的合影。同学们笑着谈论照片中的人和事，指着合影寻找自己的身影，眼中却泛起了泪花。大家都不再年轻了，在回忆中看到曾经走过的岁月，无不感慨唏嘘。

酒足饭饱之后，大家迈着悠闲的步子，一边聊天，一边爬蒙山。人群中突然传来"蒙山高沂水长"的歌声，大家便跟着唱起来，革命老区在电影画面里的精彩镜头，一一浮现在眼前。大家一路高歌，一路欢笑，一路相伴。

一位腿脚不好的同学在半山腰停了下来，摆了摆手，说："人老了，爬不动了！"

其他同学鼓励他："革命尚未成功，同志仍需努力啊！"在大家的鼓励下，他还是坚持爬到了山顶。

站在蒙山上，他语气豪迈地说："你们的眼神和笑脸，就是我最大的动力！"

联欢晚会上，大家一起做着趣味游戏。男同学为了游戏胜利，争得面红耳赤；女同学在音乐中扭动腰肢，有的舞步太猛，还把高跟鞋甩了出去。

第二天有员工问我："书记，难道只有到了这个年龄才会如此可爱、如此疯狂、如此和谐吗？你们年轻的时候不是这个模样吧？"

我笑着说："如果你们很羡慕，那就快点变老吧！"员工也跟着笑了，她肯定从我的脸上看到了幸福和满足。

　　我也曾经问过自己：同学聚会，到底聚的是什么？

　　在每个人心中，可能都有不同的答案。有人觉得，同学聚会是为了攀比和炫耀，是事业有成的同学的舞台；也有人觉得，同学聚会是为了纪念逝去的青春，为了重拾过去的友谊。

　　无论大家怀着怎样的心情参加同学会，都一定有所感动，有所收获。相识是一场缘分，何况我们还共同经历了最单纯、美好的岁月，所以，请珍惜每一次同学会，让每个人的面孔在我们的脑海中记得再深一点，更久一点。

5. 时代需要偶像，尊重彼此的喜欢

从红色年代的革命英雄主义，到改革开放后的文娱明星，从新时代的企业家和文化名人，到互联网时代的网红大咖，无论是民族英雄、道德楷模或社会名人，每个时代都有偶像，他们都代表着一种寄托、一种精神向往。在他们身上，我们能看到时代的印记，以及相应的社会背景和文化背景。

偶像们伴随着一代代人的成长，也见证了一个个时代的变迁。

还有人记得小英莲吗？

母亲曾说，她年轻时的偶像是电影《柳堡的故事》中的小英莲。

现在很多年轻人可能都没听过这个名字，但是在母亲的那个时代，小英莲可是家喻户晓的荧幕角色。

我现在还清晰地记得母亲一边洗衣服，一边哼歌的样子："九九那个艳阳天来哟，十八岁的哥哥告诉小英莲……"

当这首歌响起时，想必会引发父辈不少人的美好回忆吧。花无重开日，人无再少年，回忆却依然可以饱满且鲜活；一部电影、一首歌，就能将一段美好的青春岁月定格留影。

邓丽君和戴安娜

我从小生活在部队中，听的大多是红色革命歌曲，歌颂革命英雄主义、社会主义和集体主义。那时候我喜欢的歌星是李谷一和苏小明，其他人也都很喜欢。

在我上高中时，邓丽君的歌曲从香港传入内地。第一次听到不一样的曲风，每首歌只关乎单纯的情爱，歌词细腻、真挚、直白，再加上我正好处于青春期，这些被母亲称为"靡靡之音"的歌曲反而让我耳目一新，不知不觉便痴迷其中。邓丽君的每首歌我都会唱，我还用录音机翻录了不少她的磁带，虽然音质听起来没有原版清晰，但依旧爱不释手。

后来，随着年龄增长，我又觉得自己没有特别喜欢的偶像了，好像谁也不能打动我的心扉。

一次偶然的机会，我在电视里看到了戴安娜王妃，她在镜头中的一言一行、一举一动，是那样自信、高贵和典雅，她身上散发出的别样光彩让周围的人都黯然失色。

我告诉自己，以后我也要像戴安娜王妃那样，说话做事温文尔雅，气质脱俗，成为众人眼中的焦点。

你有你的喜欢，我有我的喜欢

为人母之后，我开始理解母亲当年的感受。我的女儿也步入了青春期，也有了自己的偶像。

那时每个周末，女儿都会打开电脑，把音箱调到最大声，播放周杰伦的歌曲，一首歌能够单曲循环一整天。

我很不理解，不明白为何如此含糊不清的歌词也有人欣赏并乐此不疲，于是我问："歌词都听不懂，有什么好听的啊？"

女儿轻描淡写地说："这就是代沟。"

我突然想起当年母亲对我的偶像提出质疑时，我也反驳过母亲："你知道什么叫时尚吗？"

时光流转，现在我不懂女儿的喜好，正如当年母亲不懂我的喜好。

不过，哪怕我和女儿之间真的存在代沟，我也换位思考了一下，尽量去理解她的喜好，发现她眼中的美好。

有一次，女儿放歌的声音实在太大了。我气势汹汹地跑进她的房间，指着音箱说："你马上把音箱关了！"

她摇了摇头，语气平和且坚定地说："我不关。"

虽然很生气，但我觉得硬碰硬无法解决当下的问题，于是我压低声音对她说："行，你给我等着。"

我回到房间，穿上一件袖子很长的睡衣，就像拖着长长的水袖，然后迈着灵活的步子，又"飘"回她的房间。见到她，我便扯开嗓子，用极具穿透力的京剧腔来了一句："咿——呀——"

女儿一脸错愕地看着我，嘴巴半张着，想说什么又没有说。我不理她，自顾自地唱起戏来。最后，她主动打了一个"暂停"的手势，自己关掉音响，我也保持着微笑，甩着袖子回到自己的房间看书去了。

通过这样的方式，我让女儿明白了什么是换位思考。我们都有权利选择自己喜欢的偶像，也可以听自己喜欢的歌，只要做到相互尊重、相互理解就可以了。

6. 不要在本该奋斗的年纪放弃努力

最近在我的直播间、抖音评论区里，总有许多人如此留言：安总，我不想努力了，我现在就想躺平。

不知何时，"躺平"成了年轻人挂在嘴边的流行语。这个词，言简意赅地描绘出一个人面对任何事物都丧失了热情，做什么都不积极、不主动、不争取的生存状态。

在我看来，相对于之前的"佛系"，"躺平"似乎更为消极，颇有一些"不思进取、不劳而获"的倾向。

付出和回报，相辅相成

你们看我做短视频，听我脱稿演讲，是不是觉得很轻松？以为随手拍一下就是段子，随口说两句就是文章。其实很多时候，我觉得自己已经站在江郎才尽的临界点，危机感、空虚感和无力感，此起彼伏。

为了能让大家看到更多更好的内容，哪怕只是学到一个新的词语，我都会花费很多时间去做、用尽心思去想，这样才能呈现出你们现在看到的内容。

山东是我的家乡，东营是我梦开始的地方，蓝海集团就扎根在这里，我对这片土地的感情无可言喻，成为东营的代言人更是我的荣幸。作为一位合格的代言人，我要对这座城市极尽赞美，但不能浮夸做作，更要精准地展示出它的优势，唤起大家的兴趣和共鸣。

"每个人的心中都有一亩田，种桃，种李，种春风；每个人的心中都有一座城，横看成岭侧成峰。"这是我在演讲台上形容东营的诗词。台上短短几分钟，转瞬即逝，背后付出的时间和心血，无法估量。在演讲之前，我用了三天时间对演讲稿字字斟酌，句句推敲，提前一天便来到现场走位、排练，就连衣服都换了四套。

天分加勤奋，是亘古不变的道理。很多人羡慕我的脱稿演讲与出口成章，夸我口才好、有台风，实际上，这些都是通过反复练习磨炼出来的。口才体现的是一个人的表达能力和思想深度，有语言天赋很重要，但肯下功夫更重要。

即便是看似简单的一件事，也是由其背后无数复杂的事情构成的，于是便有了那句至理名言——不积跬步，无以至千里。在人生道路上，哪有那么多的信手拈来和坐享其成呢？

不想躺平，就迎难而上

1994 年，因为先生工作调动，我来到东营。那时还没有现在的蓝海集团，有的只是一家新开业的西城宾馆。当时的西城宾馆还是事业单位，有很多年轻的服务员，但是大家都没有受过系统的培训，缺乏服务的意识和概念。有人提出要找一位老师给服务员讲讲课，提升一下业务水平，将来这里还要做成涉外酒店，更需要一个能够参与建设、管理团队的人才。

此前，我就是一名老师，备课是我的日常，讲课更是我的强项，知识储备也比较丰富，于是有人推荐了我。对我来说，这是一个从天而降的机会，也是一次重大的人生转折，更是一段艰苦创业的宝贵经历。

原本我以为做好自己擅长的文职工作就可以了，没想到还需身兼数职。那时候，条件有限，资金有限，人员有限，所有的事情都要管理层亲力亲为，包括张春良董事长在内。我们院子是一片盐碱地，寸草不生，为了给它赋予生机，我们必须把原有的土都挖出来，再从别的地方弄来新土，反反复复推着小车来回倒腾，每个周五我们都要割草、翻地、拉煤渣，一起挥汗如雨，才有了今天漂亮的小花园。

虽然体力活不是我的特长，但眼前的困难并不能使我退缩。我拿得动笔，也拿得动铁锹，我上得了讲台，也下得了泥地，哪里需要我，我就在哪里。那段时间里，梦想的力量、奋斗的激情、青春的热血，全都汇聚在一起，让人心潮澎湃、动力无限。

如果我天天躺平，在随波逐流、得过且过的悠闲日子里渐渐消磨意志与锋芒，那么我也许错失很多机会，个人发展也会受限，就不可能是现在的自己，也不可能有今天的成就。

当然，我并不是要求所有人都能随时随地情绪激昂、拼劲十足，每个人都有情绪低落的时候、想要松懈的时候，都有停下来歇一歇的心理需求，我也不例外。偶尔"躺平"是可以的，有张有弛才能稳步前行。

但千万别在本该奋斗的年纪选择一躺不起，否则等你想要再站起来时，你会错愕地发觉自己早已一无所有，甚至连努力的念头都无法重拾，别人绝尘而去，奔赴理想，你却原地踏步，坐吃山空。更别说什么"命由天定"，"命"是选择的结果，而努力才能为你的选择赋予好的结果。

第六章

用智慧点亮幸福生活

理解比爱更重要，
没有人是一座孤岛。

1. 对婚姻的一点感悟

婚姻是爱情的延续，是两个人的感情修成了正果。

从本质上来说，婚姻并没有好坏之分，只不过每个人对待婚姻的态度不同，在婚姻中表现出来的状态不同，所以才有了不同的判断——幸福的归宿，或爱情的坟墓。

有人说，婚姻可以分为三等：劣质的婚姻是两个弱者的凑合；平庸的婚姻是弱者对强者的附和；优质的婚姻是两个强者之间的风月。

我对婚姻也有一点小小的感悟，谈不上风花雪月，尽量平淡真实。

两个人的相处要舒服

我觉得，好的婚姻是一种相见不厌、久处不腻的相处状态。

婚姻是两个人共同建立起的关系。刚开始，两个人沉浸在爱情的甜蜜中，随着孩子的加入和时间的推移，爱情往往会变成一种亲情。两个人不再把爱挂在嘴边，但可以做到举案齐眉、相敬如宾。所以，婚姻到了后期，两个人能够相处舒服，就是好的婚姻。

我和先生几十年的婚姻，也是从吵吵闹闹中走过来的。谁都有年轻气盛的时候，尤其是我，性格比较独立，做事有主见，但凡意见不合，哪怕是一件小事，也会吵架、冷战，就和现在的年轻小夫妻一样，需要一个磨合的过程。

婚姻不就是两个人不断求同存异的过程吗？两个人磨平了棱角，掉光了尖刺，你不要求我什么，我也不要求你什么，两个人渐渐变得自然和融洽，也学会了理解和体谅。需要做决定的时候，两个人的意见基本一致，在相视一笑之间，尽显默契十足。

信任、理解和尊重，缺一不可

如果"舒服"这个词太笼统了，那么可以再具体一点——让两个人都感觉舒服的相处模式，是相互信任、相互理解和相互尊重。

　　年轻人大多崇尚自由，哪怕两个人结婚了，也需要属于自己的空间，这就要求彼此忠诚和相互信任。如果总是把对方牢牢握在手中，反而会让人无法喘息，只想逃离。

　　有的年轻小夫妻因为不够信任，总是偷看对方手机，最后闹得不欢而散。一个人觉得：你为什么不愿意让我查手机？一定是有不可告人的秘密，没准手机里藏着背叛我的证据；另一个人觉得：你根本就不信任我，疑心重重，无中生有，没事也能让你查出事来。

　　我和先生结婚这么多年，从未查过对方的手机。这就是一种信任，也是一种相对的自由。

　　另外，理解比爱更重要。两个人相处，能够理解对方的一言一行，懂得对方心里在想什么，才会让相处变得容易。虽然我们不可能完全知道对方在想什么，至少应该读懂对方的大部分想法，否则就会产生隔阂和猜疑。

　　记得有一次，我正在抖音直播，先生突然打来电话。我早就跟他说过，星期三直播的时候不要给我打电话，所以我没接。后来我又去做其他的事，就把回他电话的事忘得一干二净了。

　　过了两三天，当我翻开通话记录的时候，才想起给他回个电话。他在电话那头说："安英，你的心可真大啊！"

　　我说："事情太多，忘了给你回电话了，怎么了？"

　　他有些埋怨地说："我们到四川开会，来了80个人，79个人接到了爱人的电话，就我没有，给你打电话，你还没接，回都不回！你不知道前两天地震了吗？"

我这才想起来，先生去成都学习了，确实听说四川地震了，但我记得不是成都，所以没把地震和他联系在一起。我带着歉意对他说："你没事吧？我只是没想到你会遇到地震。"

他也没有生气，说："我就说你心大。行了，你去忙自己的事情吧！"先生没有生我的气，这是他对我最大的理解。

夫妻之间还要懂得彼此尊重。虽然我平时很和气，很好说话，但我也是个原则性极强的人，如果触碰到我的底线，或者让我感觉不被尊重，我就会表现出极其强势的一面。

记得有一次，先生忽然给我打来一个视频，我接通后一看他身后围了不少人，便把镜头转向了天花板。我很生气地问："你想干吗呢？"

他笑嘻嘻地说："大家都想看看你。"

我说："现在不行，我刚冲完澡，还穿着睡衣，下次再视频吧！"说完，我就把电话挂了。

等他回家后，我怒气冲冲地对他说："以后你可别直接打视频，必须先打个电话过来！"他知道自己做错了，一个劲儿地点头，也没有多说什么。

我和先生相处了这么多年，他早就摸透了我的性格。我一直说夫妻之间的相处是你给我里子，我给你面子，大家要相互尊重。在公众场合，我们可以给彼此留面子，但回家后，必须要意识到自己做得不对的地方，并向对方赔礼道歉。

金钱观一致很重要

有不少婚姻出现问题，最大的导火索就是金钱观不一致——你的目标是赚多少钱，他却只满足于当下的收入；你觉得这笔钱要花在什么地方，他却觉得要用来做其他事情。

说实话，我和先生从来没有因为金钱的事情发生过争吵。在经济上，我们相互独立，互不打听，但我们的金钱观一致——钱应该怎么用，应该用在什么地方，两个人的想法基本一致。

在公司最困难的时期，我们几位领导和管理人员带头，抵押自己的房子，筹集资金共渡难关。我和公司财务一起到先生的办公室找他签字。

他一脸疑惑地问我："你自己签不就行了吗？这不是你们的企业吗？"

我说："你是我的配偶，你说和你有没有关系？"

他反问："如果我不签呢？"

我笑着说："你可以不签，那得等明天办了手续，你就不用签了。"

他皱着眉头问我："啥意思？"

我说："我们的房子，我们的股票，在你不犯错误的情况下，如果你想和我分开，你可以得到一样……"

没等我把话说完，他立刻打断我："我不想，我不想！"然后便签字了。

婚姻是一种责任

婚姻本是两个人一起生活而组成的合法契约关系，但婚姻牵扯到的远远不止两个人，还有两个家庭和人脉关系的交融。如果有了孩子，夫妻关系就更加紧密了。

当婚姻出现问题的时候，不是两个人说分开就分开那么简单，包括之前的种种关系和孩子，都会受到牵连。所以，婚姻是一种责任，需要两个人共同守护。

现在年轻人离婚率居高不下，原因可能在于责任心不强和自身压力太大。

在我的女儿很小的时候，因为我工作特别忙，无法照看好她，就希望先生能多花点时间在女儿身上。先生却说："我的工作也忙，我也要做自己的事业啊！"为此，我们经常吵架。

有一次和先生吵得特别厉害，我就问女儿："如果爸爸妈妈离婚了，你跟谁？"

那时女儿在上小学，年龄不大，却很懂事。她睁大了眼睛，对我说："妈妈，你知道吗？这样我在同学面前会很没有面子。"

直到现在我还记得女儿当时的表情，还有那双可怜巴巴的大眼睛。从此，我再没有动过离婚的念头，因为我意识到，婚姻不只是两个人的关系，更牵扯到身边的所有人，父母会难过，朋友会担心，受到最大伤害的是孩子。

这个世界上，没有生来就完全合拍的夫妻，也没有生来就坚若磐石的婚姻。所谓天作之合，也是经过种种磨合后培养出的默契；所谓美满的婚姻，也必定会经历争吵、怀疑、冷落和种种失望，最后才有了理解、尊重与信任。

婚姻究竟是爱情的延续，还是爱情的坟墓，取决于两个人如何经营。

2. 夫妻是队友，不是对手

夫妻之间有争吵、有矛盾、有针锋相对的时刻，都很正常，如果争吵一定要论输赢，矛盾一直没有得到化解，始终针尖对麦芒无法统一战线，那就不正常了。

生活中的风风雨雨，需要两个人携手共度；生活中的悲欢离合，需要两个人共同面对。人生中真正能够陪你走完余生的"另一半"，一定是经历过争吵、矛盾和无数次针锋相对后，仍旧对你不离不弃、爱意不减的那个人。

夫妻之间非要较量的话，那就比一比谁更爱谁，谁更懂得包容与责任。

先生和我比文采

弹指一挥间，我和先生携手走过了整整 32 年。

记得新悦大酒店开业之际，曾邀书法大师刘先生为其题字，我们也顺便讨要一幅。刘先生性格爽快，言语诙谐，见到我时微微一笑，随即在宣纸上挥毫，写下几个大字赠予我："巧妻常伴拙夫眠。"

我很喜欢这幅字，便将它挂在卧室的床头上方，先生不解其意，便向我讨教。我言简意赅地解释说："就是鲜花插在了牛粪上！"

先生不气不恼，十分淡然地说："写得好，如果不是我这泡牛粪的滋润，你这朵狗尾巴花能如此娇艳吗？"现在想起来，也觉得有意思——"拙夫"不是贬义，而是夸赞先生忠厚老实吧！

我和先生也有过争吵和冷战。我的性格比较要强，加上从小生活条件不差，没有受过什么委屈，也没有经历过什么挫折，所以凡事都稍微强势一些。虽然大多数时候先生都会让着我，但偶尔他也有要强的时候，也有想表现自己的时候。

有一次，我从外地出差回来，先生笑嘻嘻地对我说："你没在家这几天，我偷看了《安英日志》，印象最深的是那两篇风格迥异的序。我很佩服两位老师的文学造诣，他们的才华的确远在我水平之上……"

不等我开口，一旁的女儿笑道："你怎么能和人家比？你会写什么呀？"

先生一本正经地说："你太不了解老爸了。曾几何时，我的文字也是登过小报的。不敢说能和两位老师比，至少不会比你妈的文笔差！"见我和女儿一脸疑惑，他马上声情并茂地用无棣普通话朗诵起来。

这是他19岁时写的"处男作"诗歌，名字叫《麻袋》：

你，是单线条的组合
你，生就一身黄河水的肤色
你，装满粮食 便堆起农民的喜悦
你，填足矿石 就降伏黄河肆虐的水魔
啊，麻袋 每当看到你呀
总想起咱黄河人的性格

这么多年，我居然不知道他还写过诗歌，我真佩服他的记忆力，多少年前写的东西现在还能背诵出来——或许是写的东西不多，才能倒背如流吧！

我鼓掌夸他："除了你的特色普通话让人喷血以外，内容还算过得去，典型的那个年代的真情流露。"

先生说："你们没有亲眼见过黄河大坝上数以万计的麻袋，可能无法理解那种感情。"

　　我确实没有亲眼见过那样的场景，但我怎么会不记得、不理解呢？当年先生被安排到黄河大坝做防洪工作，与人民群众一同扛着数以万计的麻袋修补堤坝，麻袋里装的是石子，更是人民群众的防洪决心，以及先生的赤子之心。

　　先生朗诵完自己的诗，还沉浸在回忆之中。女儿突然问："老爸的文笔还真不错，那你有给妈妈写过情书吗？"

　　先生坦言："我们认识时年龄大了，也没那么矫情了，直接奔着结婚去的。"这样的回答太真实了，引得我和女儿大笑起来。

　　先生仍旧不服输，问女儿："听完爸爸写的诗，你现在觉得我和你妈的文笔谁更好？"

　　女儿思考一下，说："这不是一道送分题嘛，当然是妈妈的文笔好啊！"

　　先生对女儿竖起了大拇指："果然是爸爸的好女儿，求生欲也不比爸爸差啊！"

　　我故意瞪了他们一眼，很臭美地说："女儿讲的可是大实话。"

生活中的"斗智斗勇"

　　生活中，我和先生相处得都很愉快，但也有真生气的时候。

　　先生喜欢和朋友出去喝酒。有一次，我正好在家休息，女儿也难得放假在家，他突然接到朋友的电话，要请他出去喝酒。他乐呵呵地讲着电话，抬头看了我一眼，然后走到阳台上，一边换拖鞋一边假惺惺地说："今天你嫂子在家，孩子也难得放假，我还准备给她们做饭，一家人在一起吃饭呢！"

　　闻听此言，我说："你那么虚伪干什么？你愿意去就去，一边说着不去，一边换拖鞋，这算什么？"

　　他急着出门，便挑衅似的说："怎么？好像你管得着我一样？"

　　我质问他："你不是说要给我们做饭吗？为什么又出去喝酒了？"

　　他更着急了，反问："怎么？我还不能出去喝酒了？"

　　我很大声地回答他："对，你要这样说的话，今天我就跟你较真了。我就不让你出去！"说完，我就回房间了，他知道我真的生气了，没再吱声，也没有出门，只是默默地坐在沙发上。

　　听到动静的女儿从房间里走出来，坐在先生旁边。先生可怜巴巴地看着女儿，小声地说："你看你妈，太霸道了。你说咱俩是不是应该联合起来抗争一下？"

　　女儿同样小声地说："我哪儿敢啊？你就别和我妈争了，顺着她不就好了？"

　　先生心有不甘："那不行，今天她跟我较真，我也要跟她较真。要不，咱们现在出去，看她能把咱们怎么着？"

女儿还比较清醒，摆摆手说："我告诉你，咱们现在要真的出去了，前脚一走，后脚她就能让物业上来把所有门锁都换掉，到时候咱们就无家可归了。"

思考再三，先生终于还是让理智战胜了冲动，他对女儿说："那咱们别出去了，可不能让她得逞。"女儿笑着点点头。

我和先生不一样，我是真的生气了，也真较真了。那天一直不想理他，到了饭点，他做好饭来房间里叫我，我还和他赌气。他知道拗不过我，也没有多说话，下午一直给我打电话，我也没接，晚上又跑来问我，想要吃什么……

第二天，他想到一个办法——等司机来接我的时候，他故意跑过来和我说话，因为他知道，当着别人的面，我肯定会笑脸相迎。

其实，我早就不生气了。只有在他跟我大声说话时，我才会和他较真；也只有较真时，我才会觉得我们像是两个博弈的对手，谁也不能认赎，谁也不能认输。博弈结束，两个人便和好如初。

先生是我最好的队友

很多人以为，我做党委书记、做抖音，有很多粉丝喜欢我，先生会有危机感。

事实上，他一点危机感也没有，甚至感到不解："你到底好在哪里啊？"

或许是因为朝夕相处，他眼里的我更贴近于生活。如果非要他说一说我好在哪里，可能一时半会儿都说不出来；同样的，要让他说一说我哪里不好，他一时半会儿也说不出来。他甚至没有想过这个问题，也不需要去想，自然而然地在一起才是最舒服的状态。

他很少刷抖音，有一次在头条上看到我为东营代言的文章，回家后居然夸了我十分钟。他一脸自豪地说："我给你打 102 分，我给你点赞，说得那么好，我们大家都觉得很好。"他从来不表扬我，破天荒地夸我这么久，我还有一点不习惯。

偶尔有粉丝给我寄礼物，他总是觉得很奇怪："他们喜欢你什么？"

我说："我身上肯定有他们喜欢的点。咱们在一起生活这么多年了，我身上的优点在你看来已经习以为常，但在别人眼里可不一样……"

虽然先生很少夸我，但在我的心中，他仍旧是我最好的队友——夫妻之间的默契，从来不是刻意为之。爱之深，则不流于表面。

我现在还记得刚结婚那年，陪先生回老家守岁，因为气候和环境的原因，我全身严重过敏，长满了水泡。先生焦急、自责、怜爱的眼神，令我终生难忘。

大年初二，他冒着风雪将我送回娘家。我在医院输了好几天液，他始终陪伴在我身边。那一刻，我觉得自己就像战场上负伤的士兵一样，而他是我的战友，我们共同抗敌，不离不弃。

美好的婚姻不就是"卧病有人陪，人老有所依"吗？

有人说，婚姻如同一杯酒——是浓是淡，是苦是甜，全由双方共同酿造。

多少个日日夜夜一起走过，多少风风雨雨一起经历，有什么事情非要对抗到底，有什么事情不能一笑而过？夫妻同心，其利断金，生活中的起起伏伏、跌跌宕宕，又算得了什么呢？

3. 我有两个"小棉袄"

很多人知道我有一个女儿名叫 CC，却不知道我还有另一个女儿，名叫小盼。

如果说，女儿是父母的贴心"小棉袄"，那我和先生就有两件"小棉袄"，温暖、贴心、幸福，都是双倍的。

我是一位严格的母亲

我一直很认同中国传统的教育方式，一是严格，二是教育，三是引导。

大家都以为 CC 在家里肯定是个养尊处优、娇生惯养的小公主，事实上，我对她特别严格，甚至还动手打过她。小时候，只要她骂人、撒谎、拿人家东西，我都会揍她。

有一次，我气急败坏地告诫她："你再骂脏话，看我不打死你！"

她一边哭一边顶嘴："打死我，你就没孩子了。"

我说："我再生一个！"

她说："你生不出来了！"

曾经有一段时间，她严重怀疑我不是她的亲妈，并时常幻想某一天在大街上突然奔过来一个女人，抱着她失声痛哭："孩子，我可找到你了，我是你妈妈呀！"接下来认祖归宗，从此过着幸福的生活——这是她小学日记里的一段童话般的描述。

上中学时，她有个同学和母亲闹别扭，躲进了我家，同学的母亲跑去敲门却始终敲不开，无奈之下只好给我打电话。那时候正赶上制订作业指导书，我每天晚上都开会至深夜。接到电话了解情况后，我对女儿的固执任性感到十分生气，立刻打电话给她，用一种毋庸置疑的语气对她说："你马上把门打开，让同学的妈妈接她回家！"

第二天，同学问女儿："昨晚你妈回家没有骂你吧？"

女儿抱怨说："因为你，我被我妈狠剋了一顿！"

同学鼓动女儿："那你离家出走一次，她就再也不敢训你了。"

女儿惊呼："那是你妈，我妈才不会呢！我要离家出走，就必须做好再也回不去的准备。"我的性格决定我不会任由她鲁莽使性，她特别清楚这点，所以也未敢造次。

还有一次，学校里规定女学生必须剪成齐耳短发，她死活不愿意，在我面前哭闹，说那样子丑死了，还吵着要转学。我当时也很生气，就不断训她。因为我觉得，学生就应该遵守校规，从未想过校规是否合理。她跟我闹了好几天，发现拗不过我，只好默默接受了。现在想想，泯灭了女孩子爱美天性的校规也不一定合理。

后来，女儿渐渐长大、懂事了，也更能理解父母的良苦用心。她自己也说过："你们的教育方式虽然严格，但让我受益终生。"她的衣柜里、书橱里、化妆盒里永远都整齐划一。用她的话说："我妈很超前，多年前就在我家开展了'五常'活动，在她的暴力下，我们爷儿俩养成了践行'五常'的好习惯。"女儿口中的"五常"，指的是常组织、常整顿、常清洁、常规范、常自律。

我对女儿虽然很严格，但也会给她足够多的自由，比如在人生的选择题上，我和先生只会给她建议，让她自己做选择，包括去韩国留学，也是她自己的决定。

另一个女儿小盼

我还有另一个女儿，名叫小盼。

在她上小学三年级时，市妇联组织了一场"爱心牵手"活动，我也参加了。当我看到她那张因缺乏营养而略显苍白的小脸和一双清澈无邪的眼睛时，心中顿生怜爱，希望通过我的帮助，能让她顺利完成学业，拥有一个光明的未来。

我想要帮助她并不是为了某种名誉，或刻意去做什么。我曾经说过，付出时就想着回报是一件痛苦的事，因为它不是必然，而是自然。

从小学到大学十几年的成长过程中，我一直将小盼当成自己的亲生女儿。生活中，小到衣服袜子，大到电脑，我都会以母亲的方式为她准备好；在教育方面，我对她和 CC 一视同仁，同样要求严格。我想把她们都培养成自食其力、自尊自爱的女孩。

自从相识后，小盼和 CC 就情同姐妹。她们年纪差不多，也有很多共同的话题，只要是 CC 有的东西，她一定为小盼争取。在小盼大学即将毕业之际，CC 打电话对我说："小盼戴眼镜不好看，将来会影响找工作谈朋友，是否用仪器做一下？"在征得小盼的意见后，我马上打钱给她做近视治疗，摘掉眼镜后效果的确很好。

先生和母亲对小盼和 CC 也从不分亲疏。母亲在世时，向我告状都如出一辙："大清早不吃早饭，横竖不听我唠叨，成天在那脸上抹呀抹。那么大闺女了，整天不愁不忧，连对象也找不上。"我的小侄儿、小外甥从记事起就知道他们有俩姐姐，一个是 CC 姐，一个是小盼姐。

小盼很懂事，也很争气，学习成绩优异。大学毕业时，学习西班牙语的她本想到阿根廷工作，但母性的保护欲让我断然否定了她的想法，因为我不知道那个国家的情况如何，孩子的安全是我考虑的首要问题。权衡利弊之后，我安排她进入了蓝海，就像母鸡呵护小鸡一样将她留在了自己身边。

转眼两年过去，按部就班的工作和过多事情的精力牵扯，让小盼的西班牙语逐渐退步。语言需要环境，如果长期搁置就会慢慢淡忘，四年的学习很可能会付之东流。于是，向来温顺的小盼与 CC 在私下达成统一战线，瞒着我去沈阳应聘了可以去外国工作的公司。

这一次，我没有横加阻拦，因为我知道，孩子长大了，有自己的选择。她们的青春应该由她们自己来做主，哪怕我心有不舍，还是将兑换的美元放进了她的包里，千叮万嘱地送她离去。

从此，她去了国外工作，与我们隔着千山万水，但每逢重要的日子，总能接到她的电话。那种牵挂是相互的，那种亲情也是相互的，再远的距离，也阻断不了深深的思念。

两个女儿都要"富养"

以前我一直不知道，为什么会有"富养女儿"的说法。后来自己养了两个女儿才渐渐明白：富养女儿并不是要给她们多少钱，而是要给予她们更多的精神财富，让她们学会自尊与自爱。

女儿在韩国留学期间，有一次我送她去青岛坐飞机，路过海信广场时，她拉着我进去逛了一圈。本来没想买什么东西，结果她看上了一个手镯，非要我给她买。她扯着我的衣角说："妈，你知道吗？在韩国，别人特别看重你戴了什么奢侈品。如果你什么也没有，别人都会看不起你的，你自己也会觉得自己低人一等……"

如果在平时，她提出这样的要求我肯定会断然拒绝，但我当时想了一下，女儿在异国他乡，在别人的文化环境中肯定不能被人看不起啊，而且万一女儿因为一个男孩送给她一个手镯就和别人谈恋爱了，那还了得？

于是，我爽快地答应给她买一个，并告诫她："妈妈今天给你买了，不是告诉你妈妈多有钱，而是要让你知道，女孩子要懂得自尊自爱。今天你想要一个手镯，妈妈可以满足你，但是以后你想要什么，必须依靠自己的努力去获得，知道吗？"

女儿拿着手镯，开心地不得了，并向我保证："放心吧妈妈，难道你还怕我通过不正当的手段去获得吗？"

我说："对，我就是害怕，但我相信你不会。"

回去的路上，我觉得自己不能偏心，于是也给小盼买了一套首饰，并对她说："CC在韩国留学，需要买个好一点的名牌，你在青岛，我也给你买了一套，只是没有CC的那么贵。但这不是说她是亲生的，你不是亲生的就区别对待，你懂阿姨的意思吗？"

　　小盼也很懂事，说："阿姨，你不说我也懂，我在这边戴那样的首饰也不合适。"

　　小盼素来懂事，总是让我很欣慰。记得她在青岛上大学时，一天中午忽然打来电话，说："阿姨，我们学校里有一个帮扶名额，像我这样的家庭情况可以申请，到时候就不用交学费了，还可以帮你省下几万块钱。"

　　我问："你是怎么想的？"

　　她犹豫了一下说："我肯定达标，但是……要公示……"

　　我明白她的意思，她的家庭情况不太好，但是她的自尊心很强，如果公示，同学们就都会知道她的家庭情况了。我觉得保护女孩子的自尊心很重要，于是坚定地对她说："盼盼，你把这个机会让给其他同学吧！有阿姨在，你不用担心。"

　　现在，CC 做着自己喜欢的工作，过着自己喜欢的生活，有了自己的发展方向；她有她的想法，我有我的建议，但决定权在她手中。从她小时候就是这样，以后也会是这样——我们之间有时像师生，有时似姐妹，更多的时候像是朋友。

　　小盼在美国也组建了自己的家庭，有了属于自己的幸福。她在给我们的信中写道："我是幸运的，在成长过程中遇到了阿姨，遇到了第二个家，你们不仅改变了我物质生活的匮乏，更让我精神上越发富足，这就是爱的力量。这爱像阳光一样，照亮了那原本有些黯淡的人生。我想，对于我未来的孩子而言，你是外婆，你也是阳光，这份亲情仍在继续，编织更加长久的温暖。"看到这样的文字，我也如同沐浴在阳光中，心中倍感欣慰。

无论过去，还是未来，你们两姐妹都是我的贴心"小棉袄"。

4. 母亲的故事

姥姥晚年时，被我的父母接到部队上，与我们一起生活。

也许是年纪大了，姥姥总爱唠叨；也许是远离家乡，无人谈心，姥姥总爱跟我讲以前发生的故事，讲她小时候和母亲小时候的事情。在她不厌其烦的讲述中，时光开始倒流……

姥姥是私塾先生的女儿，却没有机会上学，因为那个年代讲的是"女子无才便是德"。好在从小耳濡目染，姥姥在自家学堂听父亲教别人念书，也把四书五经背得滚瓜烂熟了。

在旧时代，像姥姥这样能"识文断字"的女性并不受待见，哪怕她出身书香门第，踏着"三寸金莲"，嫁给殷实人家，仍旧被别人说是酸里酸气的绣花枕头。

母亲是四姐妹中年龄最小的那个，也是姥姥和姥爷最爱的宝贝幺女。

在家里，母亲娇生惯养，有姐姐们和姥姥姥爷给她撑腰，说话做事都很有自己的风格。有时别人会酸母亲："幸亏你是个女娃，要是个男娃，那还了得？"

勇敢的"铁姑娘队"队长

母亲有四个姐姐一个弟弟，成年时正好赶上解放年代。国家提倡新时代新风尚，反对包办婚姻，鼓励自由恋爱，母亲便成了第一批受益者。

姥爷给她安排的婚事被她断然拒绝了，她底气十足地说："现在不是旧社会了，婚姻不能包办，我要和谁结婚，您说了不算，我妈、我姐说了也不算，我自己说了才算！"

她积极参加夜校识字班，在各种劳动工作中表现优异，被选举为"铁姑娘队"队长。在那个年代，算得上是一位优秀新女性的代表了。

不仅如此，她还主动出击，得到班里长相俊秀但家庭贫困的同村青年的青睐，并在他入伍前成功领取了结婚证。她完美地塑造了新时代的女性形象，但也惹怒了因循守旧的姥爷，两人唇枪舌剑，谁也不让谁。

姥爷一气之下，便将母亲赶出了家门。她也不肯屈服，勇敢地爬上墙头，向姥爷索要嫁妆，因为她是成立合作社后家里挣工分的主力。姥爷没办法，深知无法改变母亲的心意，也就不再管她的婚事了。

父亲入伍后，母亲成了独守空房的军嫂。姥姥姥爷和几位姐姐都很心疼她，她自己却从没有怨言。就这样过了很多年，母亲历尽艰辛，终于守得云开见月明，在父亲提干后顺利随军，开始了让人羡慕的部队生活。

我不爱吃妈妈的烙饼

部队上的生活条件还不错，母亲先后生下我们 3 个孩子。

母亲做事干练，雷厉风行，厨房里也是一把好手，什么烙饼、蒸大包、菠菜疙瘩汤全都会做，可谓"上得厅堂下得厨房"。小时候我最爱吃妈妈做的烙饼，尤其卷着大葱吃特别香。

后来，我和弟弟妹妹都长大成人，有了各自的家庭和事业，也有了各自的孩子。

创业之初，我和先生都忙于工作，便将女儿放在父母家养，直到上小学才接回自己身边。所以，我一直很感激我的父亲和母亲，最大的心愿就是好好报答二老。

从 1998 年开始，我都会把自己的年终奖拿给父母，让他们外出旅游。他们不仅走遍了祖国的大好河山，还游览过不少世界风光。一本本厚厚的相册，记录了他们愉快的足迹和永恒的笑脸。母亲曾说："你一点钱不攒，都让我们旅游了，万一遇上个事，你上哪儿找钱去？"

我笑着对她说："钱用了可以再挣，你们身体一天天衰老，如果等我钱多了，你们的健康却不允许了，那多遗憾。"

每当我看到母亲拿起相册，在串门的老太太面前炫耀，她和父亲去过的每一个地方，看过的每一处风景时，我都微微一笑，心里告诉自己：尽孝要趁早，岁月不待人。

时光荏苒，2008 年父亲因病去世后，母亲便再也没有旅游过。她不愿独自去看风景，那样只会更悲伤。她觉得自己最大的天伦之乐，就是儿女陪在身边，子孙陪在身边。

我们都尽量去满足她、陪伴她，但凡能回家吃饭，就一定回家；孙子孙女的寒暑假期，也会长住在她身边。

每天下午，她都会打电话问我："回不回家吃饭？想吃什么呀？"这种平凡的幸福，多么美好而难忘！

记得有一次，我还没有下班，母亲又打来电话："今晚做了你们最爱吃的烙饼，一定记得回来吃饭啊！"

我满怀期待地回到家，看到母亲将香喷喷的烙饼端上桌子，突然间好像回到了小时候。烙饼是我从小的最爱，先生和女儿也很喜欢吃。

母亲很欣慰地看着我们大快朵颐，也在无意中说了句实话："唉，真老了，这十一张饼，我忙了一下午，连衣裳都湿透了，不像从前……"

我的心里一酸，咬进嘴里的烙饼突然嚼不动了，心里满是内疚。虽然母亲说她累并快乐着，可我怎么忍心让母亲如此操劳？于是，我当场宣布："烙饼偶尔吃一次可以，不能经常吃。"

母亲很诧异："你们不是很爱吃我做的烙饼吗？"见她没听懂我的意思，我只能用"不爱吃"来终止她的辛劳。

我太了解母亲了，她只想多帮一些忙，多付出一些，只要能做到的便不遗余力。世界上的母亲不都是这样吗？

本命年的大红袜子和内裤

母亲的年龄越来越大，也越来越相信命理。

民间有"本命年犯太岁"的说法，"太岁当头坐，无喜就有祸"，本命年就要穿大红色辟邪，因为红色是血的颜色，也是太阳与火的颜色，代表着喜庆和吉祥。

在我 48 岁那年的本命年，母亲很早就为我准备了大红袜子和大红内裤。我不太相信命理之说，但为了宽慰母亲的心，也没有拒绝。

不过，当我穿上大红内裤时，还是感觉很别扭，而且母亲买的内裤尺码太大了，我穿着总是往下掉。我问母亲："是不是买大了？"

　　她说："售货员告诉我这就是最小号的。"

　　我很无奈，这明明是妈咪版最小号的。母亲想帮我缝几针、改小腰围，我告诉她不用了，凑合穿几天就可以了。

　　我没有告诉母亲，那双大红袜子会掉色，脱下来之后满脚通红，把靴子都染红了。因为我知道这些东西是母亲从辛镇集上买的，是她老人家的一番心意。

　　无论儿女多大，都是母亲的心头肉，都是母亲最记挂的人。

妈，你去哪里了

　　2014 年 2 月 25 号下午，我像往常一样，午休后起来倒了一杯水，刚喝一口却呛到了，咳嗽不停，脸被憋得通红，许久说不出一句话。那一刻，我有一种不祥的预感。

　　中午母亲打来电话，说她有点不舒服，我答应她早点忙完工作就回家陪她。

　　下午我一直心神不宁，但还是坚持做完了《东营周刊》的采访提纲。就在最后一个字落笔时，手机铃声忽然响了。我一看是家中的座机号码，心就放了下来，因为只有母亲才会用座机给我打电话。可是，电话那头传来的却不是母亲的声音。

　　我顿时察觉情况不妙，立即赶回家。临走时我还带上了笔记本，心想母亲可能是生病了，需要我陪，等她睡下了，我还可以在笔记本上写点东西。

回到家里，我看到母亲歪倒在沙发上，双眼紧闭，脸色惨白。我大声呼喊，她却没有一点反应。我只能用仅有的一点急救知识慌乱地施救，可一切都无济于事了。

刚才给我打电话的阿姨早已拨打了120，看着母亲的嘴唇由红变紫，我发疯似的撕扯自己的头发，大声喊着："这是怎么回事？这是怎么啦？"

随后赶到的医生对母亲进行了最后的抢救。我在一旁焦急地看着，心里还抱着一丝幻想——母亲只是暂时休克了，她还会睁开眼睛，还会每天打电话叫我回家吃饭！

然而一小时后，医生却无情地宣布：老人因心肌梗死永远离开了我们……

我无法接受眼前的事实，昨晚母亲还拿着彩扇在客厅跳舞，说"三八节"要登台表演，怎么就突然没有了气息？我不停地摸着她的脸，搓着她的手，软软的，暖暖的，怎么就这么走了？我根本不相信，她只是想休息一下，想眯一会儿……

"妈，你答应一声！妈，你说句话！妈，你先别睡……"我语无伦次地呼唤着，直到医生告诉我，老人真的走了，给她梳梳头、换换衣服吧。我的大脑仍旧一片空白，随后眼前一黑，晕厥过去。

父亲离开时的伤痛还没有完全愈合，母亲又离我而去了。这一切都发生得太突然，仿佛做梦一般。我害怕做这样的梦，更害怕从梦中醒来，因为必须去面对这个冰冷的事实。

前不久母亲还说，算命的说她心善，会长寿，即使归天也是一伸腿的事，不会痛苦，也不会拖累儿女。这话应验了一半，但我们宁可她长寿，永远拖累我们，让我们永远陪伴她、伺候她，也不愿意她这样溘然离去，留下我们伤心欲绝……

母亲离开后，我好几天难以入眠，深夜起床披一条毯子，坐在书桌前发呆。脑海中浮现出母亲的音容笑貌，我不禁热泪潸然，拿起笔在日记本中写下自己对母亲的思念：

妈 你去哪儿了

是去活动室打牌忘了回家的时间

是去广场跳舞累了在那晾晾汗

是去赶集丢了菜返回寻找

是与老友畅聊情到深处想住一晚

妈 你去哪儿了

今后谁再每天打电话叫我回家吃饭

今后谁会如你那样对我嘘寒问暖

今后那一声妈叫向何人

今后受了委屈哭给谁看

妈 你去哪儿了

是不是爸爸想你了，他在呼唤

是不是你听见了不忍心

他天国孤单是不是你想去陪他

那你们就团聚吧

重新相依相伴

妈 你去哪儿了

妈 你到底去哪儿了

人生之痛千千万万，其中之一便是子欲养而亲不待。

我们以为可以和父母长久相伴，可以有很多时间尽孝道，可以把很多想做的事情留到以后慢慢做，但时光永远不会等人，稍有不慎，它便会将我们欠下的对不起，变成还不起；又会将很多还不起，变成来不及。匆匆之间，亲人已去，留下的尽是遗憾和懊悔。

　　细细一想，父母能陪伴我们的时间，不过是我们出生时看他们的第一眼，到他们溘然长逝时看我们的最后一眼。这中间的时光何其短暂啊！每一分、每一秒、每一刻都弥足珍贵。

妈妈也有想妈妈的时候。

5. 婆媳和妯娌的相处之道

正所谓，婚前想得万般好，婚后才知水多深。

女人对待爱情大多是感性的，可结婚之后融入新的家庭，则需要理性地处理多种关系，比如很多人认为难相处的关系——婆媳关系和妯娌关系。

婆媳之间，因为年龄差距与观念不同，往往存在代沟，容易出现矛盾，整天吵吵闹闹；妯娌之间，年龄相差不大，观念也相差无几，往往存在攀比心理，容易暗地里钩心斗角。

婆媳和妯娌之间的关系处理好了，婆婆也能处成亲妈，妯娌也能变成姐妹。

祝福蓝海媳妇

从电视上热度不减的家庭伦理剧就不难看出，婆媳和妯娌之间随时随地都有可能上演一场大戏。其实，真正的家庭生活远比剧本上写的要复杂和精彩，但也没有想象的那么可怕。婆媳和妯娌间的关系到底如何，关键还是看彼此是否真心相待，是否宽容与理解。

这么多年，我亲眼见证了无数对爱侣在蓝海的大家庭中结为连理，也无数次站在台上为新人主婚、发表祝词。无论是蓝海人娶媳妇，还是有人娶走蓝海的姑娘，我都会再三叮嘱，满怀祝愿。尤其是即将嫁人的蓝海闺女，我会像母亲一样叮嘱她们：

一是无论夫君家底如何，你绝不能做全职家庭主妇。没有了工作便失去了约束，不但脱离了社会，也丢掉了自立，等孩子大了自己也成了黄脸婆，甚至变成弃妇、怨妇；有工作的女人才有激情、有思想、有动力，哪怕辛苦一些，也值得。

二是懂得做个好媳妇。没有哪个儿子不孝顺，父母高兴，儿子舒心。其实公婆对媳妇的要求不高，一件小礼物，一句贴心话就会让他们特别知足，所以放下架子才是上策，和谐家庭中的女性才是主角。

我的叮嘱或许只是过来人的一些小感悟，甚至带有一些个人色彩，但我还是会对她们说，因为我觉得这些话会对她们有益处，希望她们都过得幸福。

当然，每个家庭都不一样，怎样经营好婚姻，怎样处理好婆媳关系，还需要她们自己去面对和摸索。我只能衷心祝愿她们，未来的日子安心顺意、幸福美满。

妯娌情深

除了婆媳关系，妯娌之间的关系也很微妙。

现实生活中能将妯娌关系处好的人不多，很多妯娌关系要么水深火热、剑拔弩张，要么关系淡薄、井水不犯河水，真正亲如姐妹的妯娌关系，堪称人间楷模。

几年前，小妹八十多岁高龄的婆婆意外摔倒，住进了医院，一家人白天黑夜地守在床头。手术后，老人无法动弹，需要人全天候照顾。几个孩子白天要上班，晚上轮流看护，累得不行。这时，老人的弟媳主动赶到医院，悉心地照料老人。

我们都叫她婶婶。她是地道的青岛人，面容清秀，皮肤白皙，体型匀称，即便年过六旬，依旧是一身利落的装束，依稀可见当年的曼妙风姿。

当年，婶婶风华正茂，为了响应毛主席"知识青年上山下乡"的号召，从美丽的海滨城市来到艰苦荒芜的军马场，开始了一段艰苦峥嵘的岁月。

婶婶刚走进连队时，大家都被她漂亮的脸蛋和白皙的皮肤吸引，一时间"骚动"起来。大家都说，谁能娶到这样的媳妇，简直是修了八辈子的福分。

没想到，一段时间过后，年轻的婶婶真的看上了老李家的儿子，她为此留在了连队，成就了一段奇妙的姻缘，她自己却觉得一切都很平常，从未表现得高高在上。这段婚姻让她与老李家缔结亲情，一路走来就是好几十年——曾经的曼妙少女，如今已白发苍苍。很难想象，在那个年代，一位年轻的城市姑娘是如何融入一个农村家庭的。

尽管婶婶与嫂子的年龄足足相差二十岁，一位是城市姑娘，一位是乡下妇女，但她们相处得特别融洽。这么多年，她们亲如姐妹，互相帮扶，一路携手共度艰难困苦，结下了深情厚谊。

这次老人发生意外，躺在病床上需要人照顾，婶婶便自告奋勇，一个人包揽了所有护理的工作，没日没夜地侍候在老人身边。

当我去看望老人时，她已回家中疗养。见他们兄弟妯娌四人谈笑风生，坐在轮椅上的老人满脸笑容，不断在我面前称赞婶婶的种种好处，我也由衷地表达了自己的敬意。

婶婶依旧笑得很爽朗，她说："我退休了，又没事，孩子们都上班，我来当个护工，省得他们忙东忙西的，我也就能帮这个忙了。"

从她家里走出来，我感觉神清气爽，内心仿佛被暖阳照耀着，双眼所见皆是人间美好。

　　中国有一句古话叫"内和外顺"，家和万事兴。

　　人与人之间的相处，其实并没有那么复杂，只要放下功利，抛弃物质的障碍，彼此真诚相待，以真心换真心，相处就会变得和睦，关系就会变得真诚，还会让人心情舒畅，时刻感受到家庭的温馨。

6. 做个不怕麻烦的人

这个世界上，没有人是一座孤岛。

每个人都生活在千丝万缕的关系中，有血缘关系，有情感关系，还有社会关系。很多人不喜欢麻烦别人，也不喜欢被别人麻烦，然而所有美好的关系，都是相互"麻烦"出来的。

当孩子不再麻烦你时，他已长大成人，飞往广阔的世界；当父母不再麻烦你时，已是天人两隔，至此永诀；当爱人不再麻烦你时，早已貌合神离，感情步入危机；当朋友不再麻烦你时，怕已心生芥蒂，相互猜疑……

生活不就是如此吗？被各种麻烦所困扰，又害怕没有任何麻烦，所以从某些角度来说，"麻烦"的另一种含义是幸福。

陪伴孩子的时光并不多

现在有不少年轻人不想结婚，不想带孩子，因为他们觉得孩子麻烦。

孩子刚出生时麻烦，得为他把屎把尿，他还动不动就哭；孩子上学了麻烦，学习不上进，和同学打架，还得被老师请去开家长会；孩子长大了也麻烦，找不到好的工作，迟迟不肯结婚……真是一辈子为孩子操碎了心。

可是，当孩子一天天长大，越来越独立，他们也会有自己的家庭和自己的孩子，当他们不再需要父母操心的时候，父母的心里又会觉得空落落的，希望孩子可以像小时候那样"无助弱小"，可以经常"麻烦"自己，这样彼此就能有多点时间相互陪伴。

父母之年，不可不知也

孔子说过："父母之年，不可不知也。一则以喜，一则以惧。"

这是在告诫我们，我们要知道父母的年纪，一方面为父母的长寿而高兴，一方面为父母年迈而担忧。做子女的一定不能嫌父母麻烦，父母逐渐衰老，在他们有生之年，我们要竭尽全力去侍奉他们，不然等父母真的离去，就没有行孝的机会了。

记得母亲在世时，每到下班时间，她就会打电话问我是否回家吃饭。我多次告知："如果不回来会打电话给你，只要不打电话就说明回来。"她就是不听，依旧天天打，而且她常常拨错电话打到别人那里。

有一天晚上，家里座机响了，我接起后对方怒气冲冲地朝我吼道："你们怎么回事？一个老太太天天打我手机，烦不烦？"

我能体会他的心情，连声道歉："对不起，我妈七十多了，眼睛不好使，所以才常常误拨您的电话，打扰您真是不好意思，她就是问我们回不回来吃饭，不让她打，她也不听，请您理解，可怜天下父母心嘛！下次您再看到这个号就别接，或者干脆拉入黑名单，免得再打扰到您。"

对方沉默了一会儿，说了一声"噢"，挂断了电话。

我有些埋怨地对母亲说："不让你打，你偏打，老拨错，人家都不愿意了，找上门了吧？"

她很固执："我以后注意点，不拨错就是了。"

可事实上她还是经常拨错，只是机主并未拒接，更没有将她拉入黑名单，而是每次都耐心地说："老太太，您又拨错了，仔细看看，再拨一遍。"

他的举动让我很感动，我特意给他发了短信表示谢意，并想请他们一家出来吃顿饭。他简单地回复了我："我家也有老人，理解，不谢。"

我知道，他之所以不拒接是怕老人担心孩子有什么事，因此他不嫌麻烦地回应老人，即便自始至终我都没有真正地结识他，但我心里非常感谢他的善意。

如今，母亲早已故去，我的电话再也不会准时响起，那位好心的陌生人也不会再接到老人的电话了。没有了麻烦，却失去了亲人，我宁可麻烦永远存在，永远不消失！

给朋友能力范围之内的帮助

生活中，我是一个不怕麻烦的人，这可能与我对"麻烦"的理解有关。我认为，人生在世，无论大事小事，无论你喜不喜欢，总会有麻烦别人的时候，也会被别人麻烦。

如果有朋友需要麻烦我，比如孩子上学想插班，希望我可以帮忙找一下校长，我就会说："这种事你可别麻烦我，因为这不在我的职责范围之内。如果没有办好，最后帮了倒忙就不好了。"

麻烦这种事情也要讲究一个度。如果在我的能力职责范围内，帮一下忙没什么；但是超出能力职责之外的麻烦，就是强人所难了。

如果有朋友、同学的孩子结婚请我做主婚人，或者来我们酒店消费，我会尽量安排时间参加，给他们最大的优惠。但必须在规定范围内——公司有专门针对员工和管理者家属的优惠，这些是我能做到的，这不叫麻烦，而是友情的一种回馈。

管理者更不能怕麻烦

作为一名管理者，每天面对的麻烦更是层出不穷。我们必须去处理大的小的、重要的不重要的、紧急的不紧急的各种麻烦。能够将这些麻烦处理好的管理者，才是合格的管理者、优秀的管理者。

我们有时也会对实体总经理说："把店管好，别给我们添麻烦就行。"不过，在实际运营中却是困难不断、矛盾不断、麻烦不断。

在服务行业中，面对麻烦的客人，我们不但不怕麻烦，还要想方设法地为客人解决问题，让他们舒心坦然；万一哪一天客人不再麻烦我们了，那我们就真的麻烦了。

人与人之间，本身就存在相互麻烦，这是一切关系的基础。如果人与人之间没有了任何麻烦，或许就没有了任何关联。

我的处事原则是：尽量不给别人添麻烦；别人需要麻烦我时，只要在我的能力范围内，我都尽量帮忙。

每个人都有困难的时候，我愿意帮你解决麻烦，说明我们关系不错，说明我有这方面的能力。而且，指不定哪一天，我也会麻烦到别人呢？

第七章

有烦恼，找安英

每个人都是独一无二的，珍惜人生，活出自己的色彩。

1. 小镇青年如何在大城市立足？

很多人是怀揣着梦想来到大城市的。大城市的资源相对集中，机会相对多，就连穿衣打扮看上去都自由许多，这是很多年轻人愿意留在大城市的理由。

其实，不管你来自小镇，还是本身就出生在大城市，每个人都要学会立足，前提就是认清自己的现状。

在我年轻的时代，那时的年轻人可能与现在的年轻人相比，并没有什么远大的志向，但大家都兢兢业业，在自己的岗位上踏实地工作。而今的年轻人经常挂在嘴边的话是"我有一个梦想"，或者"如果连梦想都没有，那么与咸鱼有什么区别？"。有梦想固然好，谁也不想做"咸鱼"，但光说是不够的，还是要有一种脚踏实地的精神。

　　年轻的时候我们都有一腔热血，认为自己以后能成为怎样的人，做出怎样的成就。保持热血很好，但是也要给自己设定一个目标，是眼睛可以看到的标高，同时要知道该怎么去做，该如何做起。

　　这就像攀登一样。

　　站在山脚下向上爬，我们都要从第一个台阶迈向第二个台阶，然后是第三个、第四个，为免踩空，尽量一步步去攀登，这样才能稳稳当当地到达山顶。

　　很多年轻人只有空想，不愿付诸实际行动，比如很多人既希望自己工作轻松、按时下班，又希望能获得高收入。

　　追求舒服本没有错，但如果你想靠自己打拼一番事业，舒服就不是你首要考虑的条件——任何成就都不是在舒服的环境中得到的。

　　在设计目标时，一定要从实际出发，目标要因人而异。有的人说，挣一个亿是我的一个小目标，记住，这是他的目标，不是你的，你要根据自己的实际情况，看自己有多大的能力，然后规划出第一步做什么，第二步做什么，这些步骤都是实现未来抱负的基石。

　　没有人能随随便便成功，就算有，那也是极个别现象；但凡成功的人，第一次创业时都非常艰难。

　　当然，每个人对自己设定的目标不一样，有些人容易知足常乐，也未尝不可，能达到一种令自己感到满足的状态也是一个目标。目标和梦想不一定是我们要创造多么大的伟业，实现多么大的抱负，而是要看清自己的实力，寻找适合自己的方式来实现自己的目标。

对年轻人来说，跳出舒适圈非常重要。在我年轻的时候，我的父母总是对我说：你看你多幸福呀，我们年轻时吃不饱，穿不暖，总为生计发愁，可你要什么有什么。如果从物质方面衡量，那么在我看来，现在的年轻人更加幸福，这也是社会的进步。随着生活水平不断提高，追求更加美好的生活是人们心中的期盼。如果你在年轻时就有意识地让自己跳出舒适圈，那么你才可能有更好的发展。

我们总是说，太舒适的环境犹如温水煮青蛙，人在里面会慢慢失去斗志，最后被煮熟了都不知道。

一直以来，我都是一个挺努力的人，直到现在都很努力，所以当我看到别人不够努力时，我自己就会觉得不舒服，甚至有点生气。

我当然也很羡慕同龄人的活法，有时候看朋友圈，我会看到我的同龄人过上了退休的生活，含饴弄孙，每天都很惬意。我觉得这样也很好，当然他们看到我的时候，也会为我取得的一些成绩感到骄傲。但我想对年轻人说，你们现在还没有"资格"去过"退休"的生活，我的这些同龄人，哪一个在年轻的时候不是付出了自己的辛勤劳动？

人生应该是绚烂多彩的，每一个阶段都要有不同的色彩，才能组成多彩的人生。童年的时候，你可以无忧无虑，可以嬉笑哭闹，但是到了少年阶段，就要学习知识，丰富自己，哪怕性格上叛逆一些都可以，因为这是人生必经的过程；等到了走出校门、踏入社会的时候，之前学的知识和技能就可以派上用场了，你就要展示属于自己精彩的人生了。

不要把条件不好作为借口，坐享其成本身就是一件不可取的事情。如果你条件不好，你更要打拼，为自己闯出一片天，再往远了想，自己多受一点苦，也许到了下一代就不用再受这些苦了，但是不受苦不等于让他们碌碌无为。

做任何事都要保持一种兴奋。比如做抖音，我的粉丝会跟我说，我昨天涨了 8 个粉丝，今天涨了 20 个粉丝，太开心了！他在做这件事时看到了希望，所以他感到欣喜。可换做是现在的我，可能一天涨 1 万个粉丝也不会那么欣喜，毕竟我曾经做过一个视频就涨了 100 万个粉丝。但每个人对同一件事情的兴奋点是不一样的，不管起点高还是低，你都要保持兴奋。

比如你是在街上摆摊儿卖东西或者是做电话客服的，通过自己的劳动，一天收入了 180 块钱。可能这 180 块钱对很多人来说不算什么，但对你来说很重要，因为每个人的需求点不同，只要是通过自己努力而获取这份收入和欣喜的，都值得称赞。

每个人都有奔赴美好生活的欲望和理由，或者叫成就感。所以一定要在该奋斗的年纪去奋斗，通过自己的努力获得成就感会让你身心舒畅；如果早早就不想努力了，对一个人的成长是不利的。

2. 输在起跑线上，该怎么努力？

很多年前有一句话流传在父母之间，就是"不要让你的孩子输在起跑线上"，而今很多孩子长大成年了，却在责怪父母"让自己输在了起跑线上"。

很多人说，父母没有给我创造良好的生活条件，我的吃住都成问题，哪里还有精力想别的？就算我努力，可是我刚迈出几步，却发现身边的人已经走出去很远了，自己早就被落在后面了。

在我看来，对有类似想法的人，说那些励志的话没有用，但抱怨更无济于事。我只能说，如果你觉得你的父母没有给你创造一个很好的条件，那你不如自己努力，成为一个可以给自己孩子创造良好条件的父母。抱怨是最没有用的语言，你不能说自己输在了起跑线上，你就不努力了，那么等你有了孩子，你的孩子长大后，他也可以说他输在了起跑线上，等到你的孙子长大后，他还可以说同样的话。难道要一代一代抱怨下去吗？

我出生在一个军人家庭，站在我自己的角度看，在那个年代，我的生活确实比很多人优越许多。但是我父亲那一辈人，真是吃了不少苦，受了不少罪；他父母都是农民，也没有给他创造什么良好的条件，他后来入伍参军，是个农村兵，凡事只能靠自己，家里人一点忙都帮不上。进入军营后，我父亲就在新兵连里苦练本领，一步步走过来，最后被选拔出来成了干部，为他的子女也就是我们创造了一个相对好的学习和生活条件。

放眼全中国，往上数几代几乎都是农民出身，大家的起步条件都差不多，但总有一代人会成为那个为后代创造好条件的人。那么，为什么你就不能成为那样的人呢？还是那句话，我们无法选择自己的父母，无法选择自己出生在什么样的家庭，但我们可以选择让自己成为怎样的父母，创造出怎样的家庭条件。

当然，好的条件有了，但依然做不出成就的人比比皆是，能不能成就一番事业，终归还是要看个人能力。再说，你总觉得父母没有给你创造好的条件，这点我不太认同，因为在很多你看得到和看不到的地方，父母都在默默付出着他们所能付出的一切。

　　我认识一个男孩，结婚当天他的父母给他办了一场风光的婚礼，我做了这场婚礼的主婚人。很多人羡慕他能有这么有钱又愿意为他花钱的父母，其实我了解他家的故事，我知道他父母一路走来有多么不容易。

　　男孩的父母原本是卖海货的小商贩，最开始每天凌晨两三点就要起来去海上收货，真是披星戴月，收完货便蹲在路边卖海鲜。渐渐的，他们有了自己的摊位，每个月能收入1000块钱，这1000块钱对他们来说太重要了，可以反复数好几遍，兴奋得不得了。

　　通过多年的努力，夫妻俩终于有了自己的水产公司。如果没有人提，大家就会忽略这家人一路走来的辛酸，认为男孩这场隆重而光鲜的婚礼都是唾手可得的。在婚礼现场，我把这件事讲了出来，把新郎说哭了，很多宾客也哭了。

　　所以，在羡慕别人的同时，也要明白别人在背后付出的努力。如果你觉得自己的父母已经没有实力来帮助你了，那么你就让自己成为那个有实力的父母，让你的孩子能够过上好的生活，你也可以为他举办生日会、结婚典礼，这不仅是对孩子，更是对自己的一种鼓励。

3. 留在北上广，还是逃离北上广？

"北上广不需要眼泪"，要留要走，主要看你是否适应这里的环境。

你留在北上广，就要有留在这里的理由，既然选择留下，就要有能力让自己生存下去。很多人在国内读书，在大城市学本领，也许比一些海外留学的人懂得更多，成功的例子也不少；如果你留在这里只是找个地方上班，和回老家上班也差不多，那么留下来的意义便不大。

有些人从大城市学习到了先进的知识，丰富了阅历，带着这些回到家乡做一番事业，未尝不是一个好的选择。

每个人的生活都应该有起点，有终点，当然也要有沸点，不辜负自己在人生中走的每一步。所谓沸点，就是能够点燃你激情的那些事，你的高光时刻，你取得的成就。虽然说不是我们努力就会取得成功，但是不努力就想取得成功，也是万万不能的。

留下或是离开，对很多人来说难以抉择，其实还是要遵从自己的内心。我记得很多年前有一个词叫"蚁族"，用来形容那些生活在大城市边缘的人群；他们看上去已是大城市的一员，在大城市工作、生活，但依旧如同蚂蚁般渺小，每天都在"搬砖"，望着那些高楼大厦，却不知道哪片瓦能属于自己。可是不少人早已习惯了这种奔忙的生活，你让他回家乡找份工作，他不甘心，觉得自己没有作为。像我所在的山东东营，大部分人的理想是考上公务员，过按部就班的生活。

我认为每个人的生活轨迹不同，经历的时代不同，我也给不出什么好的建议。就我个人而言，我还是喜欢留在小城市工作、生活。

也许这跟我从小生活在军营有关吧。军营里的环境十分空旷，很少有高楼相互遮掩。每天都能看到蓝天白云，心情也跟着舒畅起来。现在的大城市，到处都是高楼大厦，有种把人挤在中间的感觉，看久了心情也会压抑。

有一次我从北京回来，时间很晚了，我也有些疲倦，但是当车子开进我熟悉的大道时，我一下来了精神——路上车很少，看上去很空旷，远处只有星星点点的灯火。我对司机和随行工作人员说："你们看咱们这里多好，多宜居，没有任何嘈杂和喧闹。"有时我走路上班，偶尔穿过一个小公园，那里一个人都没有，整个公园像是被我承包了一样。

大城市有大城市的繁华，街道多，商场多，休闲方式多，对年轻人来说，如果你已经习惯了北上广的节奏，周末的时候喜欢和朋友聚个会，看场电影或演唱会，新年的时候和陌生人站在街头一起倒计时，享受人流如织的感觉，那你就选择留在大城市，同时也要忍受拥挤的人群和随时堵车的状况；小城市有小城市的惬意，虽然生活方式单一甚至单调，但是节奏慢，竞争没那么激烈，你也有的是时间享受个人生活或者培养兴趣爱好，很少有排队和堵车的现象，如果你累了、倦了，可以选择回到自己的家乡，用在大城市挣来的钱在家乡买一个属于自己的房子，安居一隅。

类似东营这样的小地方，照样有企业家，也有打工人。如果你觉得大城市竞争激烈，是因为所有的"尖子生"都聚在一起了，可能就很难凸显你的优势；但如果你曾在大城市做过中层管理者，那么来到小地方，还真可能有所作为，因为你的能力在小地方可以得到施展。

有个脱口秀小伙子说过：你告诉我要逃离北上广，结果我逃离了，可你还留在那里。怎么说呢，走或留不是劝不劝的事，我从来不会对别人说，你该怎么样，不该怎么样，我只能说：适合自己的就是最好的。

把自己当成一颗种子，撒到哪里，就去适应哪里的土壤，这样才能长出枝芽、开花结果。当然有句话是"橘生淮南为橘，生淮北为枳"，不同的种子在不同的地方，会结出不同的果实。

具体到东营和蓝海，我想说，东营是一个小而美的城市，虽然人口没有那么多，很多年轻人也外出务工，但它还是有自己的独特魅力。

东营是蓝海创业的起点，如果你来到这个平台上，你不一定留在东营发展，我们可以把你派到济南、上海、成都；人才的培养也是一个递进的过程，从基层到中层再到高层，每一个阶段都会告诉你该如何规划你的职业生涯，前三年如何，后三年如何，再三年如何，也许十年之后，你在事业上会有一个质的飞跃。

我们这里，交通没有那么拥挤，生活水平也不低，如果你有比较好的收入，你不用留在北京看枫叶，去北京看枫叶，也是一样的。

不仅是蓝海，很多企业都是如此，机会永远留给那些准备好了的有心人。最重要的是，你要找到一个能够实现自我价值的地方，不管在哪里，在什么样的机构，只要你觉得那里能赋予你想要的东西，让你在岗位上有所作为，你就选择留下来，为最终的梦想努力，总有一天都会实现的。

4. 对"社交恐惧症"人群的建议

"社交恐惧症"已经变成了一个社会问题，这可能和信息化发展有关。最简单来说，年轻人都有手机，所有的信息都可以从手机里查到，手机还能解决出行、购物、社交的需求，所以一些人像是得了手机依赖症。

在我年轻的时代，获取消息的渠道基本都是靠打听，有的人像"广播站"一样，把知道的消息说给别人听，别人再把消息传给不同的小圈子，慢慢地大家就都知道了。

再比如看电影，那时都是在大广场上放露天电影，工作人员需要准备很多工序才能播放影片，为了占个好位置，听到消息的人们早早就来了，广场上乌压压一片。影片播放前，大家就凑在一起聊天，不少青涩的爱情也是从这里产生的。

　　然而现在的人，基本用一部手机或是电脑就能知道天下事了，也用不着和谁交流；现在还有"宅男""宅女"这样的词，很多年轻人闲暇时喜欢一个人窝在家里看电视、玩游戏，饿了就叫外卖，也不用跟外界交流，长此以往，就有了手机依赖症和社交恐惧症。

　　中国人是讲究社交的，人与人之间的交流和沟通是十分必要的，也是由来已久的。你可能总听说"这个人很懂得人情世故"，其实就是说这个人很懂得社交。包括"以礼相待""礼尚往来""你来我往"这样的词，无不体现出社交的重要性。"世事洞明皆学问，人情练达即文章"。

　　每个人都是独立的个体，但是每个人都不可能完全隔绝外界独自生活一生。人都需要交流，不交流就不知道彼此的想法，也不知道大家是否在同一个频道上。有些人觉得那些能说会道的人过于八面玲珑，甚至有点油滑，其实也不尽然；我们不需要都成为所谓能说会道的人，但很多事情必须通过交流才能做成，才能找到和自己心灵契合的人。

　　也有人说，我就是不喜欢应酬，不愿意进入什么圈子。你当然不必把时间都花费在应酬和进圈子上，但还是要意识到接触和交流的重要性。尤其对服务行业的从业者来说，如果你不愿意接触客户，不和客户沟通，你就不能了解客户的需求，工作自然无法进行，也得不到客户对你的信任和青睐。对我们来说，客户是朋友，同事也是朋友。

有时候谁家办喜事，大家都随个份子，捧个场，这都是人情世故，也是社交。

我也曾有过"社交恐惧症"。

蓝海属于酒店行业，这个行业无可避免地就是需要宴请一些同行、客户，就餐的时候基本都会喝酒，但我不会喝，喝了就会过敏，所以有一段时间我也比较恐惧在酒局上的应酬。

后来我想通了，既然过敏这件事不是我自己能克服的，而且很可能是会致命的，我总不能以自己的生命为代价去喝酒吧？所以遇到酒局我就推辞了，因为我可以做好酒局之外的工作，把分内的事情做好，这样大家对你这个人还是认可的。

除非一些工作需要一个人精神高度集中并独立完成，比如科研。对大多数人来说，工作中的社交是无可避免的，甚至是必要的。尤其是销售人员，我看到很多销售人员每天都要奔波在社交的路上，今天拜访，明天探望，确实很辛苦，但这就是工作性质决定的。

除了必要的社交，口才也很重要。所谓口才，就是你的表达能力，同样的话，不同的人说出来会有不同的效果。

我最近看了一本书，叫《生活处处要演讲》。确实，生活中会说话的人能为自己留给别人的印象加分不少。有些人说话，别人听了会很舒服，也会信服，这就是口才的重要性。当然现在有很多成功学大师，讲的内容不一定都对，但语言极具感染力和诱惑力，很多人都会信他所说的话，这就说明，他展示出了自己的语言功底。

能与各种各样的人打交道，真的是一种能力，这种能力往往也决定你在职场上是否能如鱼得水。有句老话叫"见人说人话，见鬼说鬼话"，仔细想想也不完全是贬义，因为很多时候，你必须能在有限的时间内把该说的话传递给对方，哪怕是一个眼神，让对方理解你的意思，这也是一种沟通能力。

按当下流行的话来说，我属于"社交牛杂症"，就是我认为大家有共同话题，可以在一个层面上交流，谈出各自观点的，我的话就会多一些；如果我觉得和这个圈子格格不入，我可能就会安静地坐在一边，少说多听。但如果我实在对话题不感兴趣，感觉大家不在一个频道上，我也坐不住，也想赶快走。物以类聚，人以群分，归根结底，还是要找到适合自己的圈子，不适合自己的，不必强融。

我们年轻的时候经常会写这样的话：我多么希望和你到一个无人的小岛上面，只有我们两个。那时候特别向往和憧憬这样的场景，只想两个人在一起；现在想想好傻呀，两个人总在一起，看也看烦了呀！

那么，如何克服社交恐惧症呢？努力克服，没别的办法。你必须鼓励自己走出去，参与社会活动，哪怕坐在那里很受罪，也要坚持听一下别人说什么，逐渐和大家融为一体；即使无法敞开心扉，也可以感受别人所说的内容，从别人的话语里获得乐趣。

要知道，活在自己的世界里，那种孤独是很痛苦的。

我曾去看望那些"来自星星的孩子"，就是自闭症儿童。他们都活在自己的世界里，他自己可能不痛苦，但是他们的家人很痛苦。这是没有办法的事情，很难改变。

所以，作为健康的普通人，真的要珍惜自己能够与人交流的能力，要明白，"社交恐惧症"不是病，而是一种现象。对年轻人来说，还是要交一两个知己，有一些可以谈天说地的朋友，学会打开自己，打破自己的恐惧，勇敢地走出去，克服"社交恐惧症"的束缚。

5. 如何摆脱重男轻女家庭对自己的影响？

我一直记得《欢乐颂》里樊胜美这个角色，她是重男轻女家庭很典型的例子，一个女孩子，为了家人付出一切，家人像吸血鬼一般榨干她身上的所有价值。

在我们那个年代包括再往上几代人，家里一般都是三五个孩子，确实存在重男轻女的现象，现在有些地方可能还存在这样的现象，简单来说，就是思想观念太落后，跟不上时代的脚步了。

在过去很多人的观念里，生男孩是为了传宗接代，但现在这么多独生子女的家庭，包括我也是只有一个女儿，我们对女儿的培养和其他家庭是一样的，都是希望她能成为一个独立的人，过上自己想要的生活。

作为新时代的女性，在地位上和男人是平等的，都有权外出工作；很多女性事业有成，收入丰厚，社会地位也很高，嫁作人妇、相夫教子早已不是她们的人生目标。

每个人，不管男女，都应该努力争取属于自己的生活；在一个家庭中，兄弟姐妹互相帮助、互相关心是应该的，但如果有一方过度依赖另一方，就成了一种病态的关系。

对家长来说，重男轻女实在不应该，都是自己的孩子，他们总有一天都会长大成人，为了孩子身心健康发展，家长给孩子的爱也应该尽量均等。

关于重男轻女，延展一些，还牵扯一个原生家庭的话题。有些人说，我的原生家庭不是很好，对我的负面影响很大，我要不要脱离原生家庭？

原生家庭的话题不是一两句话就能说清的，但如果一对夫妻感情不好，经常吵架，那么他们一定会给孩子的心灵造成伤害。你说我脱离原生家庭，我离开家乡，甚至和父母断绝关系，其实没那么简单，血缘方面的事情不是你想断绝就能断绝的。你能做的就是让自己变得强大起来，靠自己的能力考出去，或者去别的城市工作、生活，尽量远离带给你负面影响的原生家庭，包括带给你负能量的人，尽量不受他们的影响，去结交那些能让你变得开心、积极、乐观的人，自己改变自己的命运。

　　作为父母，一定要为孩子多考虑一些，毕竟你们是成年人，有成年人冷静、理智处理问题的能力，哪怕是夫妻关系走到尽头，也尽量和平分手，把对孩子的伤害降到最低。不要让孩子经历他们本不该承担的争吵、谩骂、指责，尽量为他们营造一个有爱的氛围，让孩子在这种氛围中长大，这样他们才有能力去学习爱，未来也有释放这种爱的能力。

6. 结婚前该不该收彩礼？

　　很多地区在结婚前男方都要给女方彩礼，这是一种风俗，入乡随俗也是一种礼节。比如在我们山东，大多数情况都是男方给女方十万、八万的彩礼，女方再回馈一些嫁妆，当然不管是彩礼还是嫁妆，最后都会用在新组建家庭的两个年轻人身上，这样给出的彩礼是合理的。

　　但是我听说有一些地方，女方要了彩礼不是给结婚的双方用，而是给女方的弟弟未来娶媳妇儿用，这样的做法就不太合适了；如果男女双方因为彩礼的事翻了脸，结不成婚，这不是我们想看到的结局，也是非常不提倡的。

生活需要仪式感，订婚和结婚也需要仪式感，比如结婚前买戒指、拍婚纱照、包红包，举行结婚典礼、办酒席，都是仪式感的一部分。也许有人会说，婚姻是两个人的事情，要那么多形式做什么？在我看来仪式感挺重要的，如果只是扯个证就过日子，那多没意思啊！也缺失了很多礼节性的东西。

彩礼虽是一种风俗，但也要考虑双方家庭的承受能力；结婚原本应该是一件愉悦的事情，但要是因为彩礼问题闹僵，表面上看是因为彩礼产生分歧，也许背后还存在别的原因，彩礼只不过是矛盾的导火索。

也有人说，现在的女孩太现实，找对象总要问男方有没有房子，原来我也不是很理解，但现在我越来越能明白，这不是女孩提出的硬性要求，其实是每个女孩背后，她父母的心声。我也有女儿，所以有时候我也会想，如果我的女儿和一个男孩要结婚，两个人连房子都没有，那么你们住在哪里？怎么生存呢？房子只是一个表象，倒不是真看你有没有房子，尤其是现在一线城市，房价也不低，买一个房子可能要举全家之力，还要借外债。其实做母亲的人，最担心的是两个年轻人有没有承担未来生活的能力，如果你没有房子，对事业没有规划，对生活也不够上心，做父母的就会质疑你的实力，从这一点来说其实是可以理解的。

但是在生活中，我会告诉女儿，未来不管遇到什么情况，靠别人都不如靠自己，父母不能靠一辈子，男人更不能。有人说，以后我要嫁入豪门，但是记住，豪门不是你的，作为女孩子，一定要独立，要有自己的工作、收入，哪怕你说我做不成什么大事也没关系，还是要有事情做。同时不要亏欠别人，这和经济条件好坏无关，而是做人最基本的原则。比如，别人请你看了一场电影，你就找机会请对方喝一杯咖啡，不要觉得别人的付出理所当然，也不要占别人的便宜。

我的婚礼是在我父母的帮衬下举办的。我先生自幼受奶奶、姑姑的照顾，后来自己一个人出来工作，真的是白手起家。我们在一起的时候，我家的条件要优越许多，所以婚礼是在我家办的，当时流行的"几大件"也是我父母帮忙添置的。

虽然当时我先生没有良好的物质条件，但是我妈很看好他，说"大不了就是多一个儿子"。如果没有我父母的帮衬，当时我俩就真的是"裸婚"了，好在我们两个都很努力，事业上慢慢有了起色。

婚姻不是保险箱，随时随地都可能发生变化，所以你唯一能做的就是把握好自己。就算你在结婚前要到了彩礼，要到了房子，也不是说它永远就是你的。有彩礼不如让自己有才能，有生存的能力。

7. "大龄女子"要不要放低条件去结婚?

首先，"剩女"这个词听上去很刺耳，我不是很喜欢，只能说这是当下的一种社会现象。现在年轻人的想法与我们那时相比大有不同，但是客观来说，随着年龄增长，选择的余地就会越来越小，因为你的同龄人里有很多都已经结婚了，所以适合你的人就越来越少。

其次，也不是放不放低条件的问题，而是每个人在不同的年纪会有不同的想法，25 岁时想的和 21 岁时不一样，到了 30 岁又不一样；很多人也并非听从家人、朋友的建议，而是有了结婚的目标，认清了自己最想要的是什么，考虑的会更现实一些。

前一阵，我到一所大学致辞，就提到了校园恋情这件事。我说的比较委婉，大概意思是，很多人经历了12年的寒窗苦读，终于走进了大学，瞬间感到少了束缚，认为可以重拾自己的兴趣，还想在校园里好好谈一场恋爱。进入大学确实比之前轻松、自由许多，但这不意味着你就要放飞自我。

很多人在大学时代都会谈恋爱，到了毕业又分道扬镳，很少有人能修成正果。20岁的年轻女孩只想恋爱，不考虑结婚，认为这是自己人生的高光时刻。但随着年龄增长，逐渐没有了小女生的浪漫和傲气，眼睛就会平视，这个时候可能会想，我要结婚，我要成家。

如今，我女儿也到了三十而立的年纪，有时候她爸爸会跟她开玩笑，说："怎么，打算明年还在我家过年吗？"我就会说："结了婚也可以回家过年啊！"虽然我也问过女儿结婚的问题，但我从来不催婚，我只是跟她说："合适就嫁了吧。"我女儿却觉得我认为她年龄大了，在婚恋市场要"打折"了。

我理解女儿的敏感，我年轻的时候也不喜欢别人催问我结婚的事，但我也绝不认为女性年龄大了，就认为自己要"打折"了。我想说，婚姻不是儿戏，每一个做母亲的都不希望自己的孩子结了婚又离婚，还是要慎重一些。我对女儿说，一个女孩子，要么奔事业，要么奔家庭，二者能兼顾当然是最好的，但是非常难；如果不能兼顾，就得把握一方面。奔事业，不一定做出多大的成就，有事可做且喜欢做、认真做就行；奔家庭，也不是让你做家庭妇女，而是要有收入来源，这样才能维护家庭的和谐稳定。

我女儿在找男朋友方面，认为我在无形中给了她一些压力，总是会想，这个对象我妈能不能看得上？其实我真没有给她施压，我跟她说，找对象归根结底是你的事，不是我的事，做家长的有发言权，但决定权在你，我们尊重你的选择。当然我也会说，做父母的毕竟是过来人，见得人多了，自然能看到一些年轻人看不透的东西。

门当户对是有一定道理的。两个人有相似的生活背景和成长经历，共同话题多一些，"三观"也合一些。比如，你自己的工作收入比较高，所以你给自己买了一个比较贵的包，对你来说，这个包既是你的需求，又代表你的身份，简单来说，你觉得这个包和你相配；但如果你的另一半收入没你高，从小生活节俭，从来不关注奢侈品，那么在他看来，包不过就是盛钥匙和手机的，没必要买这么贵的，他不理解你的需求，这样就会造成两个人的冲突。

婚姻就像鞋子，合不合适只有自己试了才知道，让你不舒服的婚姻都不是好婚姻；婚姻也是一种缘分，找到合适的另一半不容易。

我是一个相对传统的女性，在我看来，什么年纪做什么样的事情很重要，结婚也好，生育也好，从生理的角度来说，总有一个"黄金年龄"，错过了最佳时期，可能就要承担一定的风险。在我们那个年代，30岁还不结婚就被看成"老姑娘"，觉得你这辈子都嫁不出去了，但是现在过了 30 岁不结婚的大有人在。只不过，到了 30 岁，还是要懂得"三十而立"的道理，该成家的成家，该做事的做事。

　　包括有些人问，如果我不打算要孩子，决定一辈子"丁克"可不可以？你问我，我当然觉得不妥，结婚生子在我看来是人生需要经历的过程，但没有一条法律规定人必须结婚，必须生孩子，只要你不违法，不影响他人，自己规划好未来的生活，可以承担任何后果，那么你就按你的心意来。

　　年轻人不结婚、不生育到底怕的是什么？也许是来自社会的压力，比如生存成本、教育成本不断提升，也许是来自自己，不愿意或不敢承担责任，所谓"活在当下"，一人吃饱全家不饿。其实我想说，我们都是从年轻人一路走过来的，尽管时代不同，压力不同，但时代的潮流一直推着你向前走，人类总是要发展下去的，很多事情怕是没有用的，准备得再充足也会遭遇变化，与其想那么多，还不如带着问题向前走，过程中总会找到解决的办法。

8. 如何拒做"月光族"？

有时我会跟小一辈的孩子们说，千万不要用什么借贷软件，很多人卡套卡，债套债，最后把自己套进去出不来了。

喜欢超前消费，不懂得规划，这是导致不少年轻人成为"月光族"的重要原因。不论你是上班还是创业，每个月总会有一定的收入，哪怕再少，记得也要留出一部分。

我年轻时是这么做的。我们会找来一个盒子，每个月从领到的工资里拿出一部分钱放进盒子，有时候是100，有时候是50，最低不低于10块钱。一年之后，拿出盒子看一看，哇，居然有不小的收获。这就像我们小时候几乎人人都有个小猪存钱罐一样，只不过那会儿放零钱，工作之后可以放大一点的钞票。

储蓄这个习惯是我从影视剧中学来的。

一部是《大宅门》，我记得斯琴高娃扮演的二奶奶一直在存私房钱，有一次白家遇到了困难，本以为走投无路之际，二奶奶拿出了一笔钱，说我早就预备着了。还有一部忘记名字的电视剧，说的是有个人每次收谷子，都会拿出一担单独放起来，有一次赶上饥荒，他就把存的粮食拿出来救急。

未雨绸缪实在是太重要了。我们每个人多多少少都会经历"艰难时刻"，如果早早做好储蓄，也不至于临时慌了手脚。所以我真心告诫现在的年轻人，你可以花钱，可以消费，但也要有一个地方能存储一部分收入。

有人说，钱是挣来的，不是攒起来的，我学会投资和理财，让自己财富自由，存不存钱都无所谓。懂得投资、理财固然好，但储蓄也是一个非常好的习惯，你会更加懂得珍惜财富。

我们有一些年轻员工，平时消费没有节制，不懂得储蓄，偶尔赶上晚发一两天工资就急眼了，因为他们没有"余粮"，接不上顿了。

现在的支付手段非常方便，只要有一部手机，下载一些 App，连上银行卡，分分钟都可以消费，更何况还有五花八门的借贷平台；琳琅的商品刺激着年轻人的购买欲，而支付功能带来的便利又让年轻人可以轻易地把钱花出去而不感到心疼。无形之中多了很多没必要的支出，最后增加负债，早晚还是要还。

我女儿也喜欢网购，总是买了一堆过了很久都没有拆封，最后自己都忘了到底买了什么。你说她喜欢自己买的这些东西吗？买的一瞬间应该是喜欢的，然而事后细想，很多东西完全没有购买的必要。花钱的一瞬间，心理得到满足，压力得到释放，可一旦拥有，很快失落，可钱已经花出去了，然后只能花更多的钱去满足自己在购买的一瞬间的快乐。

这是年轻人普遍存在的问题，物质富足了，精神却空虚了，所以总觉得不满足，总想拥有一些什么。甚至有些年轻人为了买一个包去贷款，我想问，你这么做有什么意义？就是为了满足自己的虚荣心吗？如果这个包和你的身份、收入不匹配，你背着出去，别人也觉得它是假的。

不想成为"月光族"，就要给自己制定一个计划，可以列出一个预算，每月按照预算去消费。你可能会觉得这样过日子太没意思，太苦了，买什么都要计算一下，人生苦短啊，钱还没花完人就没了，是世间最悲惨的事情。

其实比这还悲惨的是，人还活着，钱却没有了，尤其当你没有能力再去挣钱的时候，之前的积累尤为重要。你一定会感谢那个懂得储蓄的自己，懂得未雨绸缪的自己。

9. 如何告别"拖延症"？

人人都可能有拖延症，这是人类骨子里的惰性决定的，我也有。

我们小时候有首歌叫《童年》，里面有句歌词：总是要等到睡觉前，才知道功课只做了一点点。小时候我们经常有这样的情况，长大之后可能也没能改变许多，总是把工作留到最后一刻才做。

比如之前我要准备一次演讲，内容和鲁菜有关。说实话我不太懂做菜，但是可以通过菜品讲述文化相关的内容。这个演讲提前半个月就通知我了，我还找了几个懂鲁菜的人一起写稿子，想着还有十多天呢，肯定没问题，所以就不着急定稿也不着急背；还有一礼拜的时候，依旧不以为然，觉得这件事难不倒我；等距离演讲还有四五天的时候，我才开始着急，突然觉得稿子不行，需要修改，还剩三天的时候，稿子还没改完，我又得抓紧时间背，最后弄得有点狼狈。

之前也有过类似的情况，因为拖延症耽误了正事儿。有一篇仓促完成稿子，仓促记下，演讲的时候，在别人看来我表现得不错，可是我自己知道这次表现不好，与之前相比大打折扣，真是太痛恨自己的拖延症了，恨不得想打自己几巴掌。

所以我现在一直告诫自己，以后这种"现上轿现扎耳朵眼儿"的事千万不能做，必须痛下决心，今天计划完成的事情，今天就必须完成。

那些无关紧要的小事情拖一天两天无所谓，比如你说你今天想吃水饺，今天没吃到，那么明天吃也行；工作和学习就不行了，拖到最后仓促完成，质量不合格，也只能自己承担后果。

所以，后来再有重要演讲，前三天我一定推掉一些工作，集中精力写稿和背稿。由于脱稿演讲会融入我自己的想法，所以要字字斟酌、句句推敲，提前下足功夫，这样展示出来才是趋近完美的，也是对观众负责。

告别拖延症没有什么捷径，就是强迫自己、倒逼自己，今日事，今日毕。拖延很容易，给自己找借口也很容易，为什么有那么多人总是减肥不成功？因为他们总在给自己找理由：我明天再减吧，我吃完这顿再减吧。永远在减肥，永远减不下去。

要给自己制定一些小目标，一些具体的可以量化的目标，从简单的小事做起。比如你规定自己，今天晚上我只吃素食，或者今天我一定要走满一万步，对自己提出要求后，就去执行，要对自己下狠劲儿。

告别拖延症没什么好的办法，就是靠自己的意志力和自律告诉自己，我能行，我要坚持，不要放弃，否则就成了"明日复明日，万事成蹉跎"了。

10. 普通人如何让自己活得有价值？

我也是芸芸众生中的一分子，对我来说，活在世上，能够不枉此生就行。

每个人的成长轨迹不一样，经历不一样，目标不一样，不用刻意想着给这个世界留下什么，只要不辜负自己，不辜负每一个时光，这就算是一个不错的人生了。

人就像树叶一样，最终都要飘落下来，到了你的秋天或冬天，就会告别这个世界。你说我能给这个世界留下什么？比如说这本书，写完了，好像是留下了什么，也许有人看，也许未来就没有人看了。

有时候我也在想，到了我这个年纪，没有什么大病，也没有什么大灾，企业虽经历了一些风浪，但也扛过来了。我终归也算有一点小成就，所以我要知足常乐，当然对于做事来说，还需要再努力。

很多人羡慕我做抖音，拥有 1200 万粉丝，会说："如果我能像你一样就好了，别说 1200 万粉丝，有 20 万粉丝我就很开心了！"

其实我做抖音做了两年时间，从零开始到现在，承蒙大家喜爱，愿意看我的内容，成为我的粉丝，推动着我一直往前走，不断更新内容。有时的确很累很辛苦，也想过也许哪天我就退出了，不做了。我知道，也许用不了半年时间，大家就会把我遗忘了，新的人总会代替旧的人，新的内容总会出现，到那时我心里多少会有些失落吧，但这也是现实。

我现在很少去看那些过于浮华的内容，尽量寻求内心的平静，我会对自己说，不要让任何一件事成为自己的负担，享受过程就好，已经有这么多人喜欢我了，我还有什么不知足的？我现在更想做的，是用自己的力量去成就别人。

前一阵去台儿庄，我边走边直播，正好看到一个小伙子在弹吉他，唱着《成都》这首歌。

我很喜欢这首歌，于是驻足倾听，我发现小伙子也在直播，可是直播间里收看的人数为零。我的直播间人数当时有 15000 人左右，于是我就走过去对他说："你唱的真好听，民谣就像小桥流水一般，流进人的心里，让人静下来。"

小伙子对我说谢谢。我接着问他直播间里有多少人在听，他有点不好意思，说没有人。我就对他说，我今天就让你的直播间里有人吧！

小伙子问我会唱歌吗，我说我只会唱《童年》这样的歌，于是我们两个就在现场边弹边唱起来。为了鼓励小伙子，我在我的直播间里对粉丝们说："咱们给这个小伙子点点关注，让他的粉丝多起来，都来听他唱歌。"结果小伙子的粉丝从不足 100 人，直接飙升到 3000多人，他觉得这个涨粉速度太神奇了，非常感谢我，还给我鞠了一躬，他爱人也跑过来感谢我，说他今天遇到贵人了。

我说："我不是什么贵人，只是一个热心人，是缘分让我们遇到了。" 对我来说，我并没有认为自己做了一件多么了不起的事情，但对小伙子来说，也许我的鼓励和帮助能带给他一些力量吧！

初冬的阳光洒在身上很暖和，我愿意成为别人的阳光。

有人说，你能让别人涨粉丝，你应该收费，这些都是你的商业价值，是可以变现的。我是一个凭自己的喜好和兴趣做事的人，不会过多考虑这件事对我会不会造成影响，太过商业化的事情我做不来，何况别人因为我而开心，我能获得双倍的开心。

每个人都是独一无二的，要珍惜自己的人生，尽量释放能量成就别人，成就自己；每个人又都是一样的，如同这世间的一草一木，如同溪流最终汇入大海，所以也不必担心什么，畏惧什么，走好自己的每一步，活出自己的色彩。